# essentials

Weitere Bände in dieser Reihe
http://www.springer.com/series/13088

essentials liefern aktuelles Wissen in konzentrierter Form. Die Essenz dessen, worauf es als „State-of-the-Art" in der gegenwärtigen Fachdiskussion oder in der Praxis ankommt. essentials informieren schnell, unkompliziert und verständlich

- als Einführung in ein aktuelles Thema aus Ihrem Fachgebiet
- als Einstieg in ein für Sie noch unbekanntes Themenfeld
- als Einblick, um zum Thema mitreden zu können

Die Bücher in elektronischer und gedruckter Form bringen das Expertenwissen von Springer-Fachautoren kompakt zur Darstellung. Sie sind besonders für die Nutzung als eBook auf Tablet-PCs, eBook-Readern und Smartphones geeignet. essentials: Wissensbausteine aus den Wirtschafts-, Sozial- und Geisteswissenschaften, aus Technik und Naturwissenschaften sowie aus Medizin, Psychologie und Gesundheitsberufen. Von renommierten Autoren aller Springer-Verlagsmarken.

Hermann Sicius

# Vanadiumgruppe: Elemente der fünften Nebengruppe

Eine Reise durch das Periodensystem

Hermann Sicius
Dormagen, Deutschland

ISSN 2197-6708　　　　　　　　ISSN 2197-6716 (electronic)
essentials
ISBN 978-3-658-13370-2　　　　ISBN 978-3-658-13371-9 (eBook)
DOI 10.1007/978-3-658-13371-9

Die Deutsche Nationalbibliothek verzeichnet diese Publikation in der Deutschen National-
bibliografie; detaillierte bibliografische Daten sind im Internet über http://dnb.d-nb.de abrufbar.



Gedruckt auf säurefreiem und chlorfrei gebleichtem Papier

Springer Spektrum ist Teil von Springer Nature
Die eingetragene Gesellschaft ist  Springer Fachmedien Wiesbaden GmbH

*Susanne Petra Sicius-Hahn*
*Elisa Johanna Hahn*
*Fabian Philipp Hahn*
*Dr. Gisela Sicius-Abel*

# Was Sie in diesem Essential finden können

- Eine umfassende Beschreibung von Herstellung, Eigenschaften und Verbindungen der Elemente der fünften Nebengruppe
- Aktuelle und zukünftige Anwendungen
- Ausführliche Charakterisierung der einzelnen Elemente

# Inhaltsverzeichnis

# Einleitung 1

Willkommen bei den Elementen der fünften Nebengruppe (Vanadium, Niob, Tantal und Dubnium), die zueinander physikalisch und chemisch relativ ähnlich sind. Bei Niob und Tantal wie auch bei den jeweils linken Nachbarn im Periodensystem, Zirkonium und Hafnium, sind die chemischen Eigenschaften wegen der sich stark auswirkenden Lanthanoidenkontraktion sogar äußerst ähnlich, In den jeweiligen physikalischen Eigenschaften unterscheiden sich die beiden Elemente dann aber gelegentlich doch, was man bei der Dichte und den Schmelz- und Siedepunkten sieht. Oft geben die Elemente dieser Gruppe insgesamt fünf äußere Valenzelektronen (jeweils zwei s- und zwei d-Elektronen) ab, um eine stabile Elektronenkonfiguration zu erreichen.

Die Entdeckung des Vanadiums und Niobs erfolgte Mitte des 19. Jahrhunderts, die des Tantals Anfang des 20. Jahrhunderts, und sogar das nur künstlich darstellbare Dubnium wurde in Form eines seiner Isotope vor fast 50 Jahren (!) schon erzeugt. Sie finden alle Elemente im untenstehenden Periodensystem in Gruppe N 5.

Elemente werden eingeteilt in Metalle (z. B. Natrium, Calcium, Eisen, Zink), Halbmetalle wie Arsen, Selen, Tellur sowie Nichtmetalle wie beispielsweise Sauerstoff, Chlor, Jod oder Neon. Die meisten Elemente können sich untereinander verbinden und bilden chemische Verbindungen; so wird z. B. aus Natrium und Chlor die chemische Verbindung Natriumchlorid, also Kochsalz.

Einschließlich der natürlich vorkommenden sowie der bis in die jüngste Zeit hinein künstlich erzeugten Elemente nimmt das aktuelle Periodensystem der Elemente (Abb. 1.1) bis zu 118 Elemente auf, von denen zur Zeit noch vier Positionen unbesetzt sind.

© Springer Fachmedien Wiesbaden 2016   1
H. Sicius, Vanadiumgruppe: *Elemente der fünften Nebengruppe*, essentials,
DOI 10.1007/978-3-658-13371-9_1

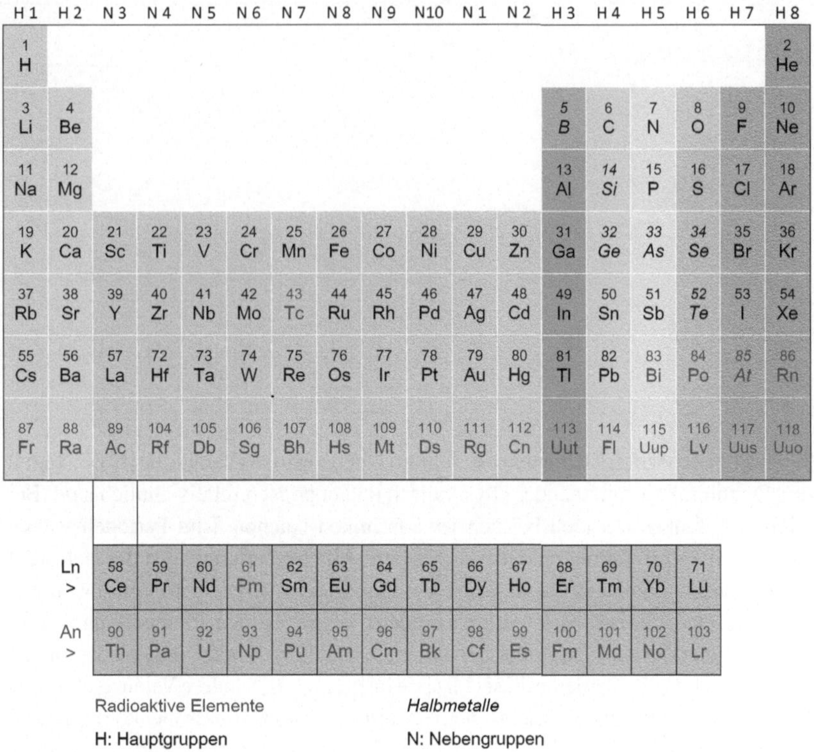

| H 1 | H 2 | N 3 | N 4 | N 5 | N 6 | N 7 | N 8 | N 9 | N10 | N 1 | N 2 | H 3 | H 4 | H 5 | H 6 | H 7 | H 8 |
|---|---|---|---|---|---|---|---|---|---|---|---|---|---|---|---|---|---|
| 1 H | | | | | | | | | | | | | | | | | 2 He |
| 3 Li | 4 Be | | | | | | | | | | | 5 B | 6 C | 7 N | 8 O | 9 F | 10 Ne |
| 11 Na | 12 Mg | | | | | | | | | | | 13 Al | 14 Si | 15 P | 16 S | 17 Cl | 18 Ar |
| 19 K | 20 Ca | 21 Sc | 22 Ti | 23 V | 24 Cr | 25 Mn | 26 Fe | 27 Co | 28 Ni | 29 Cu | 30 Zn | 31 Ga | 32 Ge | 33 As | 34 Se | 35 Br | 36 Kr |
| 37 Rb | 38 Sr | 39 Y | 40 Zr | 41 Nb | 42 Mo | 43 Tc | 44 Ru | 45 Rh | 46 Pd | 47 Ag | 48 Cd | 49 In | 50 Sn | 51 Sb | 52 Te | 53 I | 54 Xe |
| 55 Cs | 56 Ba | 57 La | 72 Hf | 73 Ta | 74 W | 75 Re | 76 Os | 77 Ir | 78 Pt | 79 Au | 80 Hg | 81 Tl | 82 Pb | 83 Bi | 84 Po | 85 At | 86 Rn |
| 87 Fr | 88 Ra | 89 Ac | 104 Rf | 105 Db | 106 Sg | 107 Bh | 108 Hs | 109 Mt | 110 Ds | 111 Rg | 112 Cn | 113 Uut | 114 Fl | 115 Uup | 116 Lv | 117 Uus | 118 Uuo |

| Ln > | 58 Ce | 59 Pr | 60 Nd | 61 Pm | 62 Sm | 63 Eu | 64 Gd | 65 Tb | 66 Dy | 67 Ho | 68 Er | 69 Tm | 70 Yb | 71 Lu |
|---|---|---|---|---|---|---|---|---|---|---|---|---|---|---|
| An > | 90 Th | 91 Pa | 92 U | 93 Np | 94 Pu | 95 Am | 96 Cm | 97 Bk | 98 Cf | 99 Es | 100 Fm | 101 Md | 102 No | 103 Lr |

Radioaktive Elemente                    *Halbmetalle*

H: Hauptgruppen                         N: Nebengruppen

**Abb. 1.1**   Periodensystem der Elemente

Die Einzeldarstellungen der insgesamt vier Vertreter der Gruppe der Elemente der fünften Nebengruppe enthalten dabei alle wichtigen Informationen über das jeweilige Element, so dass hier nur eine sehr kurze Einleitung vorangestellt wurde.

# Vorkommen 2

Vanadium kommt in der Erdhülle immerhin noch mit einem Anteil von 410 ppm vor, Niob und Tantal dagegen zählen mit Anteilen von 18 bzw. 8 ppm zu den wirklich seltenen Elementen. Dubnium gewinnt man ausschließlich durch künstliche Kernreaktionen und dann nur in geringsten Mengen, die bis an wenige Atome heranreichen.

© Springer Fachmedien Wiesbaden 2016
H. Sicius, Vanadiumgruppe: *Elemente der fünften Nebengruppe*, essentials,
DOI 10.1007/978-3-658-13371-9_2

# Herstellung 3

Vanadium und Niob erzeugt man meist durch Umsetzung ihrer Pentoxide ($V_2O_5$ bzw. $Nb_2O_5$) mit Calcium bzw. Aluminium, Tantal dagegen bevorzugt durch Reduktion seines Chlorids ($TaCl_5$) mit Natrium. Wenn es um die Gewinnung reinen Niobs oder Tantals geht, ist in jedem Falle eine aufwendige Trennung der beiden, sich in der Natur fast immer begleitenden Elemente notwendig.

© Springer Fachmedien Wiesbaden 2016
H. Sicius, Vanadiumgruppe: *Elemente der fünften Nebengruppe*, essentials,
DOI 10.1007/978-3-658-13371-9_3

# Eigenschaften 4

## 4.1 Physikalische Eigenschaften

Die physikalischen Eigenschaften sind auch in dieser Gruppe mit nur wenigen Ausnahmen regelmäßig nach steigender Atommasse abgestuft. In Analogie zu den Nachbarelementen der vierten und sechsten Nebengruppe nehmen vom Vanadium zum Tantal Dichte, Schmelzpunkte und -wärmen sowie Siedepunkte und Verdampfungswärmen zu, ebenso – aber nur schwach – die chemische Reaktionsfähigkeit. Der bei den Elementen der ersten bis dritten Hauptgruppe zu beobachtende Effekt der Schrägbeziehung erscheint bei sämtlichen Nebengruppenelementen, also auch in dieser Gruppe, nicht. Vanadium leitet in seinen Eigenschaften also nicht zum Molybdän über.

## 4.2 Chemische Eigenschaften

Die Elemente der Vanadiumgruppe sind teilweise reaktiv, aber gelegentlich auch sehr reaktionsträge. An der Luft lagernd, schützt sie eine sehr dünne, passivierende Oxidschicht vor weiterer Korrosion durch Luftsauerstoff, und auch in Säuren sind sie nur vereinzelt und auch dann nur unter Anwendung drastischer Methoden löslich. Mit vielen Nichtmetallen (Halogene, Sauerstoff, auch Stickstoff und Kohlenstoff) reagieren sie aber bei erhöhter Temperatur. Vanadium-V-oxid ($V_2O_5$) reagiert schwach sauer, die entsprechenden Pentoxide des Niobs und Tantals ($Nb_2O_5$ bzw. $Ta_2O_5$) praktisch neutral.

© Springer Fachmedien Wiesbaden 2016
H. Sicius, Vanadiumgruppe: *Elemente der fünften Nebengruppe*, essentials,
DOI 10.1007/978-3-658-13371-9_4

# Einzeldarstellungen  5

Im folgenden Teil sind die Elemente der Vanadiumgruppe (5. Nebengruppe) jeweils einzeln mit ihren wichtigen Eigenschaften, Herstellungsverfahren und Anwendungen beschrieben.

## 5.1 Vanadium

| Symbol: | V | | |
|---|---|---|---|
| Ordnungszahl: | 23 | | |
| CAS-Nr.: | 7440-62-2 | | |
| Aussehen: | Stahlgrau, metallisch, bläulich schimmernd | Vanadium, Stange (Dschwen materialscientist 2006) | Vanadium, Pulver (Sicius 2015) |
| Entdecker, Jahr | Del Río (Spanien), 1801<br>Sefström (Schweden), 1830<br>Roscoe (Vereinigtes Königreich), 1867 | | |
| Wichtige Isotope [natürliches Vorkommen (%)] | Halbwertszeit (a) | Zerfallsart, -produkt | |
| $^{50}_{23}$V (0,25) | $1,5 * 10^{17}$ | $\varepsilon > {}^{50}_{22}\text{Ti}/\beta^- > {}^{50}_{24}\text{Cr}$ | |
| $^{51}_{23}$V (99,75) | Stabil | — | |
| Massenanteil in der Erdhülle (ppm): | 410 | | |
| Atommasse (u): | 50,942 | | |

© Springer Fachmedien Wiesbaden 2016  
H. Sicius, *Vanadiumgruppe: Elemente der fünften Nebengruppe*, essentials,  
DOI 10.1007/978-3-658-13371-9_5

| | |
|---|---|
| Elektronegativität (Pauling ♦ Allred&Rochow ♦ Mulliken) | 1,63 ♦ K. A. ♦ K. A. |
| Normalpotential: $V^{2+} + 2\,e^- > V$ (V) | −1,17 |
| Atomradius (berechnet) (pm): | 135 (171) |
| Van der Waals-Radius (pm): | Keine Angabe |
| Kovalenter Radius (pm): | 153 |
| Ionenradius ($V^{5+}$, pm) | 50 |
| Elektronenkonfiguration: | [Ar] $3d^3\,4\,s^2$ |
| Ionisierungsenergie (kJ/mol), erste ♦ zweite ♦ dritte ♦ vierte ♦ fünfte: | 651 ♦ 1414 ♦ 2830 ♦ 4507 ♦ 6299 |
| Magnetische Volumensuszeptibilität: | $3,8 * 10^{-4}$ |
| Magnetismus: | Paramagnetisch |
| Kristallsystem: | Kubisch-raumzentriert |
| Elektrische Leitfähigkeit([A/(V * m)], bei 300 K): | $5,0 * 10^6$ |
| Elastizitäts- ♦ Kompressions- ♦ Schermodul (GPa): | 128 ♦ 160 ♦ 47 |
| Vickers-Härte ♦ Brinell-Härte (MPa): | 628-640 ♦ 600-742 |
| Mohs-Härte | 7 |
| Schallgeschwindigkeit (longitudinal, m/s, bei 293,15 K): | 4560 |
| Dichte (g/cm³, bei 293,15 K) | 6,11 |
| Molares Volumen (m³/mol, im festen Zustand): | $8,32 \cdot 10^{-6}$ |
| Wärmeleitfähigkeit [W/(m * K)]: | 31 |
| Spezifische Wärme [J/(mol * K)]: | 24,89 |
| Schmelzpunkt (°C ♦ K): | 1910 ♦ 2183 |
| Schmelzwärme (kJ/mol) | 21,5 |
| Siedepunkt (°C ♦ K): | 3407 ♦ 3680 |
| Verdampfungswärme (kJ/mol): | 444 |

*Vorkommen* Vanadium ist mit einem Gehalt von 120 ppm an der kontinentalen Erdkruste ein ziemlich häufig vorkommendes Element, damit liegt dieses eher nur Fachleuten bekannte Metall etwa gleichauf mit Chlor oder Chrom. Es kommt wegen seiner hohen Reaktivität nur in chemisch gebundener Form vor, allerdings sind reine Vanadiumminerale selten und darüber hinaus nur verstreut, das heißt in geringen Konzentrationen, verbreitet. Die noch wichtigsten, obwohl selten zu findenden Vanadiumminerale sind die ähnlich zu den Phosphaten strukturierten Vanadate, beispielsweise Vanadinit [Pb$_5$(VO$_4$)$_3$Cl], Descloizit [Pb(Zn, Cu) (OH,VO$_4$)], Carnotit [K$_2$(UO$_2$)$_2$(VO$_4$)$_2$ * 3 H$_2$O] und Patrónit (VS$_4$).

Der größere Teil des Vanadiums ist in geringen Konzentrationen als Begleiter in Erzen anderer Schwermetalle enthalten, zum Beispiel im Magnetit (Eisen-II, III-oxid, $Fe_3O_4$) oder in Mischerzen des Titans und Eisens mit Anteilen von 0,3–0,8 % (Hartwig 2003). Entsprechende Erze aus Südafrika können auch Gehalte an Vanadium von bis zu 1,7 % aufweisen (Bauer et al. 2000).

Sind im menschlichen Körper nur ca. 0,3 ppm des Elementes enthalten, können beispielsweise der Fliegenpilz oder bestimmte Arten von Seescheiden Vanadium anreichern. Letztere sind imstande, Vanadium auf bis zum zehnmillionenfachen Gehalt, verglichen mit dem umgebenden Meerwasser, zu speichern (Holleman et al. 2007, S. 1542). Üblicherweise liegt die dem zugrunde zu legende Konzentration des Vanadiums im Meerwasser nur bei rund 1,3 µg/L (Rehder 1991), da die meisten Verbindungen des Vanadiums schwer bis überhaupt nicht wasserlöslich sind.

Kohle und Erdöl enthalten ebenfalls Vanadium, das darin in Konzentrationen von bis zu 0,1 % (!) enthalten sein kann (Hartwig 2003). Venezolanisches und kanadisches Erdöl weisen besonders hohe Gehalte an Vanadium auf (Holleman et al. 2007, S. 1543).

Die aktuell geförderte Menge an Vanadium (gerechnet als Metall) bewegt sich um 78.000 t/a, wobei der größte Anteil aus Russland, China und Südafrika stammt. Die zur Zeit bekannten Reserven liegen in der Größenordnung von >63 Mio. t (Polyak 2015).

*Gewinnung* Del Rio und später Sefström waren die Ersten, die den Nachweis erbrachten, dass es sich bei den von ihnen gefundenen Verbindungen um die eines damals neuen Elements, des Vanadiums, handelte (Caswell 2003; Sefström 1831). Die erste Darstellung elementaren, aber noch unreinen Vanadiums erfolgte 1867 durch Roscoe, der *Vanadium-II-chlorid (VCl₂)* mit Wasserstoff umsetzte. In sehr reiner Form konnte es erst 1925 durch Reaktion von *Vanadium-V-oxid (V₂O₅)* mit Calcium (!) hergestellt werden.

Ausgangsstoffe zur Gewinnung von Vanadium sind Erze wie Carnotit, Patronit, titanhaltige Magnetite und sogar Erdöl (!), wogegen Vanadiumerze heute keine Rolle mehr für die Gewinnung spielen. Wenn Eisenerze im Hochofen zusammen mit Kohle geröstet werden, werden auch die vanadiumhaltigen Verunreinigungen zu Vanadium reduziert, das sich im flüssigen Eisen sammelt. Der beim Frischen in das flüssige Eisen eingeblasene Sauerstoff bewirkt, dass Vanadium oxidiert und als Vanadium-V-oxid in der Schlacke so stark angereichert wird, dass diese bis zu einem Viertel aus Vanadium-V-oxid besteht und somit die bedeutendste Quelle zur Herstellung von Vanadium ist.

Die Schlacke röstet man unter Zuleiten von Sauerstoff mit Natriumchlorid bzw. -carbonat zu *Natriummetavanadat (NaVO₃)*, das ausgewaschen und durch Ansäuern und gleichzeitige Zugabe von Ammoniumsalzen als wasserunlösliches Ammoniumpolyvanadat aus wässriger Lösung ausgefällt wird. Jenes wandelt man in Vanadium-V-oxid um, das ebenfalls dann das letzte Produkt vor der Gewinnung reinen Vanadiums ist, wenn andere vanadiumhaltige Erze als Ausgangsstoffe verwendet werden.

Ein sehr ergiebiges Verfahren zur Gewinnung von Vanadium aus Rückständen der Erdölverbrennung beschreibt ein Patent der Ente Minerario Siciliano (Corigliano et al. 1988). Erdöl hingegen wird mit einer magnesiumnitrathaltigen wässrigen Lösung ausgewaschen, wobei Vanadium in die wässrige Phase übergeht und so vom Erdöl abgetrennt werden kann. Danach durchläuft der Aufarbeitungsprozess alle Schritte von Eindampfen des Feststoffes, Rösten, Ausfällen des Ammonium-polyvanadats bis zur Herstellung von Vanadium-V-oxid (Bauer et al. 2000).

Das bei allen obengenannten Verfahren anfallende Vanadium-V-oxid reduziert man entweder mit Aluminium, Calcium, Ferrosilicium oder Kohlenstoff. Letzterer hat jedoch den Nachteil, dass er mit dem durch Reduktion erhaltenen Vanadium teilweise weiter zu Carbiden weiter reagiert. Ebenfalls eher ungeeignet ist aus ähnlich gelagerten Gründen Ferrosilicium. Zur Gewinnung reinen Vanadiums muss man daher Calcium oder Aluminium verwenden:

$$V_2O_5 + 5\,Ca \rightarrow 2\,V + 5\,CaO$$

Die Verwendung von Calcium erlaubt die Herstellung reinen Vanadiummetalls, wogegen als Reduktionsmittel eingesetztes Aluminium zunächst eine Legierung mit Vanadium bildet, aus der es bei hohen Temperaturen im Vakuum aufwendig durch Destillation abgetrennt werden muss.

Für die meisten Anwendungen ist der mühsame Weg der Aufarbeitung zu reinem metallischen Vanadium gar nicht erforderlich. Es genügt die mindestens zur Hälfte aus Vanadium bestehende Legierung Ferrovanadium (Bauer et al. 2000), die man auf einfache Weise durch Umsetzung der beim Hochofenprozess anfallenden vanadiumhaltigen Schlacke mit Kalk und Ferrosilicium erhält.

Ist dagegen das durch Umsetzung von Vanadium-V-oxid mit Calcium erhaltene Vanadium noch nicht rein genug, so reinigt man es nach dem Van Arkel-De Boer-Verfahren. Dabei reagiert das am Boden einer evakuierten Ampulle befindliche, auf hohe Temperaturen erhitzte Vanadium mit gleichzeitig in der Ampulle vorhandenem Iod. Das sich bei der Reaktion beider Elemente bildende *Vanadium-III-iodid (VI₃)* zersetzt sich an einem über 1000 °C heißen, in die Ampulle hineinragenden Wolframdraht wieder zu den Elementen, wobei sich das Vanadium in sehr reiner Form auf dem Wolframdraht abscheidet.

## Eigenschaften

*Physikalische Eigenschaften* Vanadium ist ein stahlgraues, bläulich schimmerndes, nichtmagnetisches, zähes, aber schmiedbares Schwermetall der Dichte 6,11 g/cm$^3$ (Bauer et al. 2000). In sehr reinem Zustand ist es weich, verliert diese Eigenschaft aber, wenn es größere Beimengungen anderer Elemente enthält, und wird dann sehr fest und zäh.

In vielen physikalischen Eigenschaften ähnelt es Titan. Es schmilzt bei der für die Elemente der ersten Übergangsmetallperiode relativ hohen Temperatur von 1.910 °C. Bereits geringe Anteile an Kohlenstoff erhöhen den Schmelzpunkt noch deutlich; so erzielt man bei einem Kohlenstoffanteil von 10 % eine Anhebung des Schmelzpunktes um ca. 800 °C (Holleman et al. 2007, S. 1543)! Vanadium kristallisiert kubisch-raumzentriert mit zwei Formeleinheiten pro Elementarzelle (Schubert 1974).

Vanadium wird unterhalb einer Temperatur von −268,02 °C (5,13 K) supraleitend (Waxler und Corack 1952), ebenso erfolgt exakt unterhalb dieser Temperatur eine spontane elektrische Mikropolarisation (Krome 2003; Moro et al. 2003). Vanadium bildet auch supraleitende Legierungen, etwa mit Gallium, Zirkonium und Niob.

*Chemische Eigenschaften* Vanadium ist relativ unedel und reagiert mit zahlreichen Nichtmetallen. Beim Lagern an der Luft behält es aber zunächst seinen Metallglanz, bevor nach einigen Wochen Korrosion unter Bildung grüner Oxide eintritt. Beim Erhitzen an der Luft und in Sauerstoff verbrennt es zu Vanadium-V-oxid, ebenso reagiert es mit stark oxidierend wirkenden Halogenen (Fluor und Chlor) schon bei Raumtemperatur heftig. Mit Kohlen- und Stickstoff setzt es sich erst bei sehr hoher Temperatur zu Nitriden und Carbiden um. Wasserstoff absorbiert Vanadium bis hinauf zu Temperaturen von 500 °C und wird dabei sehr spröde. Durch weiteres Erhitzen auf 700 °C im Vakuum lässt sich der Wasserstoff wieder entfernen (Bauer et al. 2000).

Die meisten Säuren und Basen greifen Vanadium nicht an; dies gelingt nur Flusssäure und stark oxidierend wirkenden Mineralsäuren (konzentrierte Schwefelsäure, heiße konzentrierte Salpetersäure und Königswasser).

## Verbindungen

Vanadium kann in seinen Verbindungen in allen Oxidationsstufen zwischen +5 und −1 sowie auch −3 vorliegen. Am stabilsten sind die Oxidationsstufen +5 und +4. Schön kann der Wechsel der verschiedenen Oxidationsstufen ineinander in wässriger

Lösung demonstriert werden: Im sauren Milieu enthalten unter diesen Bedingungen gelöste Vanadium-V-verbindungen farblose $VO_2^+$-Ionen. Diese können schrittweise reduziert werden, zuerst zu blauen $VO^{2+}$-Ionen („$V^{4+}$"), dann weiter zu grünen $V^{3+}$-Kationen bis hin zu grauvioletten $V^{2+}$-Ionen. Eine weitere Reduktion zu noch tieferen Oxidationsstufen ist in wässriger Lösung nicht möglich.

*Verbindungen mit Chalkogenen*  Das wichtigste und stabilste Oxid des Vanadiums ist *Vanadium-V-oxid ($V_2O_5$)*, ein unter Normalbedingungen oranger, giftiger Feststoff vom Schmelzpunkt 690 °C (Siedepunkt der Flüssigkeit: 1750 °C). Es entsteht durch Verbrennen von Vanadium an der Luft (I) oder auch durch Glühen von Ammoniummetavanadat bei Temperaturen oberhalb von 500 °C (II, Brauer 1981, S. 1422):

(I)   $4\,V + 5\,O_2 \rightarrow 2\,V_2O_5$

(II)   $2\,NH_4VO_3 \rightarrow V_2O_5 + 2\,NH_3 + 2\,H_2O$

Vanadium-V-oxid kristallisiert in einer Struktur, in der die $V_2O_5$-Einheiten in Form einer verzerrten trigonalen Bipyramide vorliegen. Im alkalischen Milieu bildet Vanadium-V-oxid, analog zu Phosphor und den Phosphaten, die das $VO_4^{3-}$-Anion enthaltenden Vanadate, Im Unterschied zum Nichtmetall Phosphor sind jedoch Hydrogen- und Dihydrogenvanadate sowie die freie Vanadiumsäure instabil und allenfalls in verdünnter wässriger Lösung charakterisiert. Säuert man basische Vanadatlösungen an, werden keine Hydrogen-, sondern Polyvanadate gebildet (Isopolysäuren, analog zu Chrom), deren Moleküle bis zu zehn Vanadat-Einheiten aufweisen. Einige Vanadate kommen auch in der Natur als Mineralien vor, so der Vanadinit, Descloizit und Carnotit.

Man setzt Vanadium-V-oxid in großen Mengen als Katalysator im Kontaktverfahren zur Produktion von Schwefelsäure ein. Es wirkt dort als Überträger von Sauerstoff auf Schwefeldioxid, wird selbst zwischenzeitlich zu Vanadium-IV-oxid reduziert, aber durch weiteren Sauerstoff wieder zum $V_2O_5$ oxidiert. Daher findet es auch Verwendung bei der Rauchgaswäsche, bei der Schwefeldioxid aus Verbrennungsgasen ausgewaschen und schließlich zu Sulfaten, meist Calciumsulfat (Gips) umgesetzt wird, das man dann in der Bauindustrie einsetzt.

Weißglas kann durch Zusätze von Vanadium-V-oxid zur Glasschmelze undurchlässiger für UV-Licht gemacht werden. Zusätzliche Beschichtungen des Glases sind nicht mehr nötig. Hauptabsatzmarkt sind Bierflaschen, durch die das Bier verstärkt vor UV-Strahlung und etwaigen, durch dieses hervorgerufenen Geschmacksveränderungen bewahrt wird.

Als Nanomaterial bildet es zusammen mit Wasser das sogenannte keramische Papier, wie jüngste Forschungen ergaben (Burghard 2013). Dieses ist so fest wie Kupfer und trotzdem so biegsam, dass man es rollen und falten kann. Zudem leitet es den elektrischen Strom. Von üblichen Keramiken unterscheidet sich das Material zudem, weil es elektrischen Strom leitet. Die Kristallstruktur dieser Verbindung, der sie ihre Stabilität verdankt, ähnelt der von Perlmutt. Mögliche Einsatzgebiete sind die als Elektrodenmaterial in Akkumulatoren, in flachen, flexiblen Gassensoren oder die als Aktuatoren in künstlichen Muskeln.

*Vanadium-IV-oxid (VO$_2$)* ist ein dunkelgrüner bis schwarzer Feststoff, der bei einer Temperatur von 1.970 °C schmilzt. Milde Reduktionsmittel wie Schwefeldioxid oder Kohlenmonoxid überführen Vanadium-V- ins -IV-oxid:

$$V_2O_5 + SO_2 \rightarrow 2\,VO_2 + SO_3$$

Unterhalb einer Temperatur von 70 °C kristallisiert Vanadium-IV-oxid in einer verzerrten, oberhalb von 70 °C jedoch in einer regelmäßigen, elektrisch wesentlich leitfähigeren und paramagnetischen Rutilstruktur. Außergewöhnlich ist, dass bei einer Temperatur von 65 °C ein Tripelpunkt (!) von einer metallisch leitenden Phase (Rutilstruktur) mit zwei isolierend wirkenden, jeweils monoklin kristallisierenden Phasen besteht, wobei minimale Abweichungen von diesem Tripelpunkt eindeutig nur eine dieser drei Phasen stabilisieren. Hinzu kommt, dass die beiden Isolatoren verschiedene magnetische Eigenschaften besitzen (Park et al. 2013). Der extrem schnell verlaufende Übergang von einer Phase in die andere erlaubt den Einsatz von Vanadium-IV-oxid als optischer Schalter; so beispielsweise erfolgt bei einer Temperatur von 68 °C der Sprung von einer durchsichtigen, halbleitenden in eine spiegelglänzend aussehende, metallisch leitende Modifikation. Das Dotieren der Verbindung mit geringen Mengen Wolfram (eingebracht als Wolfram-VI-chlorid) bewirkt die Absenkung der Sprungtemperatur auf bis zu 29 °C was die Verwendung von VO$_2$ als Bestandteil hitzeabweisender Beschichtungen ermöglicht (Manning und Parkin 2004).

Vanadium-IV-oxid ist wie Titan-IV-oxid amphoter. Es ist sowohl in starken Säuren unter Bildung des [VO(H$_2$O)$_5$]$^{2+}$-Ions als auch in starken Basen löslich, mit denen es unter Entstehung von [VO(OH)$_3$]$^-$-Ionen (Vanadat-IV) reagiert.

*Vanadium-III-oxid (V$_2$O$_3$)* kommt in der Natur gelegentlich in mineralischer Form (Karelianit) vor, ist jedoch in frisch synthetisiertem Zustand erwartungsgemäß empfindlich gegenüber Luftsauerstoff. Man kann es mittels Reduktion von Vanadium-V-oxid mit Wasserstoff oder Kohlenmonoxid herstellen (Brauer 1981, S. 1419):

$$V_2O_5 + 2\,H_2 \rightarrow V_2O_3 + 2\,H_2O$$

Das mattschwarze, als carcinogen und mutagen bewertete Vanadium-III-oxid kristallisiert im Korund- (Aluminiumoxid-)Typ und oxidiert an der Luft langsam zu Vanadium-V-oxid.

*Vanadium-II-oxid (VO)* ist ein graues, bei einer Temperatur von 950 °C schmelzendes Pulver und entsteht aus oben beschriebenem Vanadium-III-oxid durch dessen Umsetzung mit metallischem Vanadium unter Luftausschluss bei Temperaturen zwischen 1.200 und 1.800 °C (Brauer 1981, S. 1419):

$$V_2O_3 + V \rightarrow 3\,VO$$

Es existiert in einem weiten Homogenitätsbereich zwischen $VO_{0,86}$ und $VO_{1,25}$ und kristallisiert im kubischen Natriumchloridtyp (Blachnik et al. 1998, S. 790). Es besteht möglicherweise sogar aus zwei verschiedenen Phasen ($VO_{0,86}$ bis $VO_{0,91}$, und $VO_{1,05}$ bis $VO_{1,25}$). In Säuren löst es sich unter Bildung hydratisierter $V^{2+}$-Ionen, die allerdings besonders in wässriger Phase sehr leicht einer Oxidation zum grünen $V^{3+}$-Ion unterliegen.

An *Vanadiumsulfiden* kennt man nicht weniger als 15 verschiedene Verbindungen mit einer Zusammensetzung zwischen *$V_3S$* und *$VS_4$* (Van Doren 1967); sie sind sämtlich graue bis schwarze Feststoffe. Zusätzlich treten diese Sulfide mit ziemlich großen Homogenitätsbreiten auf. Das Schmelzen von Vanadium mit Schwefel liefert bereits eine Reihe von Sulfiden, die die ungefähren Zusammensetzungen *$V_2S_2$*, $V_2S_3$ und $VS_4$ aufweisen. Eine gezielte Synthese aus den Elementen unter Einhaltung stöchiometrischer Mengen gibt auch in etwa die gewünschten Verbindungen; eine Reindarstellung eines einzelnen Sulfids ist auf diese Weise nicht möglich. Das Erhitzen bzw. Glühen höherer Sulfide im Hochvakuum liefert niedere Sulfide (Brauer 1981, S. 1426). So ergibt beispielsweise die Thermolyse von Ammoniumthiovanadat-V [$(NH_4)_3VS_4$] *Vanadium-V-sulfid ($V_2S_5$)*.

In verdünnten Säuren sind die Vanadiumsulfide kaum (!), in Laugen leichter unter Bildung von Thiooxovanadaten löslich. $VS_4$ löst sich in Alkalilauge sogar komplett auf.

*Vanadium-II-sulfid ($V_2S_2$)* ist leicht zersetzlich, Vanadium-III-sulfid ($V_2S_3$) ist ein grauschwarzer Feststoff der Dichte 4,7 $g/cm^3$ und immerhin noch bis zu Temperaturen von 600 °C stabil (Perry 2011).

*Verbindungen mit Halogenen* Es existiert nur ein Pentahalogenid, das *Vanadium-V-fluorid (VF$_5$)*. Mit Chlor und Brom geht Vanadium Verbindungen mit Oxidationsstufen +4, +3 und +2 ein, mit Iod bildet Vanadium noch das *Di- und Triiodid (VI$_2$ und VI$_3$)*.

Von allen diesen Verbindungen sind lediglich *Vanadium-IV-chlorid (VCl₄)* und *Vanadium-III-chlorid (VCl₃)* technisch als Katalysator für die Herstellung von Ethylen-Propylen-Dien-Kautschuk wichtig.

*Vanadium-V-fluorid (VF₅)* ist eine farblose, viskose Flüssigkeit der Dichte 2,5 g/cm³, die bei Temperaturen von 48 °C siedet bzw. 19,5 °C erstarrt. Im Feststoff bildet die Verbindung polymere Ketten aus. In Wasser löst sich $VF_5$ mit rötlicher Farbe. Die Synthese erfolgt bei höheren Temperaturen aus den Elementen Vanadium und Fluor oder durch Disproportionieren von Vanadium-IV-fluorid (VF₄); durch Erhitzen letztgenannter Verbindung lassen sich $VF_3$ und $VF_5$ erhalten (Brauer 1963, S. 253).

*Vanadium-IV-fluorid (VF₄)* ist ein hellgrüner, hygroskopischer Feststoff, der bei einer Temperatur von 325 °C Zersetzung erleidet (Ruff und Lickfett 1911). Man stellt es durch Umsetzung von Flusssäure mit Vanadium-IV-chlorid bei niedriger Temperatur her (Holleman et al. 2007, S. 1547):

$$\mathrm{VCl_4 + 2\,H_2F_2 \rightarrow VF_4 + 4\,HCl}$$

Vanadium-IV-fluorid kristallisiert monoklin und disproportioniert in der Hitze, wie oben erwähnt, zu *Vanadium-III-fluorid (VF₃)* und *Vanadium-V-fluorid (VF₅)* (Becker und Müller 1990).

*Vanadium-III-fluorid (VF₃)* ist ein graugrünes Pulver der Dichte 3,4 g/cm³, das bei einer Temperatur von 1406 °C schmilzt (Siedepunkt der Flüssigkeit: 1427 °C). Man stellt es durch Reaktion von Vanadium-III-oxid mit Flusssäure her (I). Die Synthese (II) aus Vanadium-III-oxid und Ammoniumdihydrogenfluorid sowie nachfolgender Thermolyse des zwischenzeitlich gebildeten Triammoniumhexafluorovanadat-III ist ebenfalls möglich (Sturm und Sheridan 1963):

$$\text{(I)} \quad \mathrm{V_2O_3 + 3\,H_2F_2 \rightarrow 2\,VF_3 + 3\,H_2O}$$

$$\text{(II)} \quad \mathrm{V_2O_3 + 6\,NH_4F \cdot H_2F_2 \rightarrow 2\left(NH_4\right)_3 VF_6 + 3\,H_2O}$$
$$\mathrm{2\left(NH_4\right)_3 VF_6 \rightarrow 3\,NH_3 + 2\,VF_3 + 3\,H_2F_2}$$

Auch die Umsetzung von Vanadium-III-chlorid mit Fluorwasserstoff liefert das Trifluorid:

$$\text{(III)} \quad \mathrm{2\,VCl_3 + 3\,H_2F_2 \rightarrow 2\,VF_3 + 6\,HCl}$$

Die Verbindung kristallisiert trigonal mit in alle Richtungen des Raums eckenverknüpften Oktaedern (Daniel et al. 1992).

*Vanadium-IV-chlorid (VCl₄)* produziert man durch Chlorieren von Vanadium bei Temperaturen von >300 °C. Es stellt eine dunkelrotbraune, zähe, an der Luft rauchende Flüssigkeit vom Schmelzpunkt−28 °C und Siedepunkt 148,5 °C dar.

Mit Wasser hydrolysiert sie heftig unter Bildung von Chlorwasserstoff und einer durch Vorhandensein von $VO^{2+}$-Ionen blauen Lösung. Die Verbindung löst sich in konzentrierter Salzsäure unter Entstehung einer braunen Lösung; in Ether ist sie ebenfalls gut löslich (tiefrote Lösung; Brauer 1981, S. 1412). Eingestuft ist auch diese Verbindung als carcinogen und mutagen.

Vanadium-IV-chlorid wirkt stark oxidierend und gibt bereits bei Raumtemperatur langsam Chlor unter gleichzeitigem Abbau zum Trichlorid ab. Diese ständige Abgabe von Chlor kann ein Sprengen fest verschlossener Gefäßen verursachen. Nur in Form einer Lösung in Kohlenstofftetrachlorid ist es unzersetzt haltbar, allerdings muss es daraus im Bedarfsfall durch fraktionierte Destillation erst wieder isoliert werden (Brauer 1981, S. 1412).

Vanadium-IV-chlorid ist Ausgangsmaterial zur Herstellung weiterer Verbindungen des Vanadiums. Außerdem setzt man es bei speziellen organischen Synthesen, beispielsweise bei der elektrophilen Kopplung von Phenolen (Holleman et al. 2007, S. 1548):

$$2\,C_6H_5OH + 2\,VCl_4 \rightarrow HO\text{-}C_6H_4 - C_6H_4\text{-}OH + 2\,VCl_3 + 2\,HCl$$

*Vanadium-III-chlorid (VCl₃)* ist in Form seines Hexahydrats ein grünes, wasseranziehendes Pulver. In wasserfreier Form ist es ebenfalls sehr hygroskopisch und liegt in Form rosaroter bis violetter Kristalle vor, die oberhalb einer Temperatur von 300 °C schmelzen. Es kristallisiert trigonal-rhomboedrisch (Brauer 1981, S. 1407–1410).

Vanadium-III-chlorid gewinnt man durch Erhitzen von Vanadium-IV-chlorid auf Temperaturen von 160 °C (I), direkt aus den Elementen (Holleman et al. 2007, S. 1550, II) oder elegant aus Vanadiumoxiden und den jeweiligen Schwefelchloriden (III):

(I)   $2\,VCl_4 \rightarrow 2\,VCl_3 + Cl_2$

(II)   $2\,V + 3\,Cl_2 \rightarrow 2\,VCl_3$

(III)
$$V_2O_3 + 3\,SOCl_2 \rightarrow 2\,VCl_3 + 3\,SO_2$$
$$V_2O_5 + 6\,S_2Cl_2 \rightarrow 4\,VCl_3 + 5\,SO_2 + 7\,S$$

In angesäuertem Wasser ist es ohne Hydrolyse löslich. Wird es auf Temperaturen über 400 °C erhitzt, so disproportioniert es zu Vanadium-II- bzw. -IV-chlorid (Housecroft und Sharpe 2005). Mit Wasserstoffgas kann man es bei Temperaturen um 700 °C zum Dichlorid reduzieren. $VCl_3$ ist Ausgangsstoff zur Darstellung von Vanadium-III-Komplexen, zum Beispiel mit Tetrahydrofuran oder Acetonitril [$VCl_3(THF)_3$ (Heyn 2007) bzw. $VCl_3(MeCN)_3$]. Eine weitere Einsatzmöglichkeit ist die als Katalysator bei Polymerisationen.

*Vanadium-II-chlorid (VCl₂)* ist ein hellgrüngelber Feststoff mit einem Sublimationspunkt von 910 °C. Aus ihm konnte Roscoe 1867 erstmalig elementares Vanadium darstellen. Es ist nicht so hygroskopisch wie die höheren, oben schon beschriebenen Vanadiumchloride und ist im allgemeinen nicht löslich in organischen Lösungsmitteln (Brauer 1981, S. 1408). Man verwendet es als kräftiges Reduktionsmittel zur Herstellung von Sulfiden aus Sulfoxiden, von Aminen aus Aziden und auch für reduktive Kopplungen. Die Verbindung kristallisiert im Cadmiumiodidtyp.

Auch für Vanadium-II-chlorid bestehen mehrere mögliche Synthesewege, so durch Reduktion von $VCl_3$ mit Wasserstoff bei hoher Temperatur, durch Disproportionierung von $VCl_3$ und Abdestillieren des gleichzeitig gebildeten $VCl_4$ oder direkt aus den Elementen unter Einhaltung der stöchiometrischen Menge an Chlor.

*Vanadium-IV-bromid (VBr₄)* ist ein sehr zersetzlicher, purpurroter, kristalliner Feststoff, der nur in der Gasphase und bei Temperaturen unterhalb von −23 °C beständig ist (Holleman et al. 2007, S. 1547). Bei höheren Temperaturen als dieser spaltet es Brom ab und geht in *Vanadium-III-bromid (VBr₃)* über. Man kann $VBr_4$ aus den Elementen bei Temperaturen um die 300 °C herstellen:

$$V + 2\,Br_2 \rightarrow VBr_4,$$

muss den dabei entstehenden Dampf des Tetrabromids aber gleich auf mittels Trockeneis auf −78 °C gekühlten Flächen abschrecken, um es so zu stabilisieren.

*Vanadium-III-bromid (VBr₃)* erzeugt man durch Reaktion von Vanadium-IV-chlorid mit Bromwasserstoff; dabei entsteht zunächst unbeständiges und direkt unter Abgabe von Brom zerfallendes Vanadium-IV-bromid:

$$2\,VCl_4 + 8\,HBr \rightarrow 2\,VBr_3 + 8\,HCl + Br_2$$

Ebenso kann man die Synthese aus den Elementen Vanadium und Brom wählen (Brauer 1981, S. 1413):

$$2\,V + 3\,Br_2 \rightarrow 2\,VBr_3$$

Die schwarzen, blättrigen, stark wasseranziehenden Kristalle lösen sich in Wasser mit grüner Farbe. Es kristallisiert trigonal-rhomboedrisch und damit isotyp zu Vanadium-III-chlorid. Die Verbindung wird durch Luftfeuchtigkeit und auch Licht hydrolytisch zersetzt zu Vanadiumoxiden, Vanadium und Bromwasserstoff. Vanadium-III-bromid bildet beispielsweise mit Tetrahydrofuran rotbraune, lösliche Komplexverbindungen (Fowler et al. 1967).

*Vanadium-III-iodid (VI₃)* ist ein braunschwarzer, hygroskopischer Feststoff, der schon bei schwach erhöhter Temperatur zu sublimieren beginnt. Es kristallisiert trigonal, ist oxidationsempfindlich und sehr stark wasseranziehend (Holleman et al. 2007, S. 1550). Man gewinnt es meist aus den Elementen (Brauer 1981, S. 1415):

$$2\,V + 3\,I_2 \rightarrow 2\,VI_3$$

Die Verbindung ist ein Zwischenprodukt bei der Feinreinigung von Vanadium durch das Van-Arkel-de-Boer-Verfahren; sie wird während des Prozesses bei relativ niedrigen Temperaturen aus den Elementen gebildet, sublimiert und zersetzt sich an einem auf Temperaturen von >1.000 °C erhitzten Draht wieder zurück in die Elemente, so dass der Reaktionskreislauf von neuem beginnt.

*Oxohalogenverbindungen Vanadium-V-oxidtrifluorid (VOF₃)* kann man durch Reaktion von Vanadium-III-fluorid mit Sauerstoff oder durch teilweise Hydrolyse von Vanadium-V-fluorid herstellen (Raj 2008):

$$2\,VF_3 + O_2 \rightarrow 2\,VOF_3 \qquad\qquad VF_5 + H_2O \rightarrow VOF_3 + H_2F_2$$

Die Verbindung ist ein hellgelber, feuchtigkeitsempfindlicher, orthorhombisch kristallisierender Feststoff, der bei einer Temperatur von 300 °C schmilzt; die Flüssigkeit siedet bei 480 °C (Blachnik et al. 1998, S. 790). Es reagiert mit Wasser unter vollständiger Hydrolyse zu Vanadium-V-oxid:

$$2\,VOF_3 + 2\,H_2O \rightarrow V_2O_5 + 3\,H_2F_2$$

Vanadium-V-oxidtrifluorid verwendet man zur oxidativen Kupplung von Phenolen, die beispielsweise bei der Synthese von nicht-penicillinen Antibiotika wie Vancomycin erforderlich ist (Vanasse und O'Brien 2009).

*Vanadium-V-oxidchlorid (VOCl₃)* ist eine gelbe, heftig mit Wasser unter Hydrolyse zu Vanadium-V-oxid und Chlorwasserstoff reagierende Flüssigkeit, die erst bei −77 °C erstarrt und schon bei 127 °C siedet. Ohne wesentliche Zersetzung ist es in Eisessig oder Ethanol löslich. In seiner Reaktionsfähigkeit ähnelt es Phosphor-V-oxidtrichlorid, ist aber ein wesentlich stärkeres Oxidationsmittel als dieses. Die Verbindung ist eine starke Lewis-Säure und findet industriell Verwendung als Bestandteil des Katalysators zur Niederdruckpolymerisation von Ethen (33) und zur Herstellung niederer Vanadiumoxidchloride. Bei seiner Anwendung sind besondere Vorsichtsmaßnahmen erforderlich, da es als krebserzeugend eingestuft ist.

Man stellt Vanadium-V-oxidtrichlorid durch Chlorierung von Vanadium-V- bzw. -III-oxid her [(I), (II), (III), Brauer 1981, S. 1417) oder durch Erhitzen von Vanadium-III-chlorid im Sauerstoffstrom (IV):

$$\text{(I)} \quad 6\,Cl_2 + 2\,V_2O_5 \rightarrow 4\,VOCl_3 + 3\,O_2$$

(II) $\quad 3\,SOCl_2 + 2\,V_2O_5 \rightarrow 2\,VOCl_3 + 3\,SO_2$

(III) $\quad 6\,Cl_2 + 2\,V_2O_3 \rightarrow 4\,VOCl_3 + O_2$

(IV) $\quad 2\,VCl_3 + O_2 \rightarrow 2\,VOCl_3$

Vanadium(V)-oxidtrichlorid liegt in flüssiger Form monomolekular in tetragonaler Struktur vor. Die Substanz ist löslich in Ethanol und Eisessig. Man verwendet es als Katalysator für Polymerisationen von Olefinen (Ethen und Propen), zur Kupplung von Phenolen und als Oxidationsmittel bei der Synthese organischer Vanadiumverbindungen.

*Vanadium-IV-oxidchlorid (VOCl₂)* liegt in Form grüner, hygroskopischer, orthorhombisch kristallisierender Tafeln vor, die in Wasser mit blauer Farbe löslich sind und bei einer Temperatur von 380 °C schmelzen (Blachnik et al. 1998, S. 790; Milne 2005). Man kann die Substanz durch Reaktion von Vanadium-V-oxid ($V_2O_5$) mit einer Mischung aus Vanadium-III-chlorid ($VCl_3$) und Vanadium-V-oxidtrichlorid ($VOCl_3$) im Sinne einer Komproportionierung gewinnen (I) oder noch einfacher aus Vanadium-V-oxidtrichlorid ($VOCl_3$) und Vanadium-III-oxidchlorid ($VOCl$) (II) (Brauer 1981, S. 1416):

(I) $\quad V_2O_5 + 3\,VCl_3 + VOCl_3 \rightarrow 6\,VOCl_2$

(II) $\quad VOCl_3 + VOCl \rightarrow 2\,VOCl_2$

Vanadium-IV-oxiddichlorid wirkt stark reduzierend und wird dementsprechend zum Beispiel zur Entfernung von Arsen-III-chlorid aus Chlorwasserstoff verwendet oder auch in der reduktiven Textilbeize.

*Vanadiumcarbid und -nitrid Vanadiumcarbid (VC)* ist ein graues, geruchloses Pulver der Dichte 5,77 $g/cm^3$, einem Schmelzpunkt von 2.810 °C und einem Siedepunkt von 3.900 °C. Es besitzt sehr große Härte und wird daher bevorzugt in hochtemperaturfesten Schneidwerkzeugen eingesetzt. In Legierungen hemmt es das ungewünschte Kornwachstum (Bauer et al. 2000). Es ist als krebserzeugend und mutagen jeweils in die Kategorie 2 eingestuft.

Die Herstellung erfolgt aus Vanadium-V-oxid oder Vanadium und Kohlenstoff.

*Vanadiumnitrid (VN)* ist ein schwarzes, halbmetallisches Pulver, das erst bei einer Temperatur von 2.060 °C schmilzt. Die Verbindung liegt in einem weiten Homogenitätsbereich von $VN_{1,0}$ bis $VN_{0,7}$ vor. Sie kristallisiert im kubischen Natriumchloridtyp. Vanadiumnitrid ist unlöslich in Wasser, wird aber durch Salzsäure zu Vanadium-III-chlorid und Ammoniumchlorid hydrolysiert. Mit Vanadiumcarbid und Vanadium-II-oxid bildet es Mischkristalle.

Man stellt es aus Vanadium und Stickstoff bzw. Ammoniak her (Brauer 1981, S. 1436):

$$2\,V + N_2 \rightarrow 2\,VN \qquad\qquad 2\,V + 2\,NH_3 \rightarrow 2\,VN + 3\,H_2$$

*Sonstige* In *organischen Vanadiumverbindungen* tritt Vanadium in seinen niedrigsten Oxidationsstufen auf, 0, −1 und −3. Die Vanadocene setzt man als Katalysator für die Polymerisation von Alkinen ein.

*Analytik* In der Reduktionsflamme verursachen Vanadiumverbindungen eine grüne Färbung. Das bei der Oxidation emittierte Licht ist schwachgelb und scheidet, da unspezifisch, als mögliches Mittel zur Identifikation aus (Jander et al. 1995, S. 218). Einer der qualitativen Nachweise für das Element sind dagegen Peroxovanadiumionen, die man durch Versetzen saurer, Vanadium-V-Verbindungen enthaltender Lösungen mit etwas Wasserstoffperoxid erhält, worauf sich rötlich-braune $[V(O_2)]^{3+}$-Ionen bilden. Ein Überschuss von Wasserstoffperoxid liefert die gelbliche Peroxovanadiumsäure $[H_3VO_2(O_2)_2]$.

Quantitativ bestimmt man Vanadium titrimetrisch, indem die vanadiumhaltige schwefelsaure Lösung durch Zugabe von Kaliumpermanganat zu Vanadium-V oxidiert wird, das man dann mittels einer Eisen-II-sulfatlösung und Einsatz von Diphenylamin als Indikator zurücktitriert. In Spuren ist Vanadium quantitativ mit Hilfe der Atomabsorptionsspektrometrie bei einer Wellenlänge von 318,5 nm nachweisbar.

*Anwendungen* Mehr als neun Zehntel des produzierten Vanadiums setzt man legiert mit Eisen, Titan, Nickel, Chrom, Aluminium oder Mangan ein, davon den mit Abstand größten Teil in Vanadiumstählen. Schon geringe Mengen an Vanadium (0,5 bis 5 %) erhöhen deutlich die Festigkeit, Zähigkeit und somit die Verschleißfestigkeit des Stahls, weil sich Vanadium mit dem im Stahl enthaltenen Kohlenstoff zu Vanadiumcarbid verbindet. Legierungen aus Titan, Vanadium und Aluminium zeichnen sich durch besonders große Stabilität aus und finden im Flugzeugbau Verwendung, wo sie in tragenden Teile und Turbinenblättern von Triebwerken eingebaut werden (Bauer et al. 2000).

Obwohl es einen kleinen Einfangquerschnitt für thermische Neutronen besitzt, nutzt man nur einen kleinen Teil der Produktion zur Erzeugung von Hüllen für Reaktorbrennstäbe. Der Rest wird zu Vanadium-V-oxid umgesetzt, das meist als Katalysator, zum Beispiel für die Herstellung von Schwefelsäure, genutzt wird.

*Physiologie, Toxizität* Vanadium ist essenziell für viele Organismen und übt einige zentrale Funktionen aus. Es steuert, unter gleichzeitiger Beteiligung anderer

Ionen, beispielsweise die bei der Phosphorylierung tätigen Enzyme und unterstützt in Form vanadiumhaltiger Nitrogenasen einige Bakterienarten (Azotobacter oder Cyanobakterien), molekularen Stickstoff zu binden und chemisch umzusetzen (Rehder 1991). Jedoch wiegt der Einfluss möglicherweise vorhandenen Molybdäns stärker, so dass vanadiumhaltige Nitrogenasen nur dann aktiviert werden, wenn Molybdän fehlt (Kaim und Schwederski 2005, S. 241). Weitere vanadiumhaltige Enzyme (Haloperoxidasen) kommen in Braunalgen und Flechten vor, die wichtig zum Aufbau halogenorganischer Verbindungen im Organismus sind.

Strukturell ähneln Vanadate Phosphaten sehr und haben daher auch vergleichbare Wirkungen. Vanadat bindet aber stärker an betreffende Enzyme und steuert daher die an der Phosphorylierung beteiligten Enzyme, wie zum Beispiel die Natrium-Kalium-ATPase, und kann diese sogar blockieren. Diese Hemmung lässt sich aber mittels Desferrioxamin B schnell wieder beseitigen. Vanadium ist zudem in der Lage, in der menschlichen Leber den Abbau von Glucose zu beschleunigen und damit den Glucosespiegel des Blutes zu verringern (Hartwig 2003). Die intensiven Forschungen, ob Vanadiumverbindungen zur Behandlung von Diabetes mellitus Typ 2 in Frage kommen, haben aber noch keine eindeutigen Ergebnisse erbracht (Smith et al. 2008). Schließlich regt Vanadium den oxidativen Abbau von Phospholipiden an und hemmt die Synthese von Cholesterin.

Bei der pflanzlichen Photosynthese katalysieren Vanadiumionen die im Zuge der Synthese von Chlorophyll ablaufende Reaktion zur Bildung von 5-Aminolävulinsäure, ohne dass die Gegenwart eines Enzyms erforderlich wäre (Rehder 1991).

Vanadium und seine anorganischen Verbindungen werden in die Kanzerogenitäts-Kategorie 2 eingeordnet (Rodríguez-Mercado et al. 2001). Lange Jahre bei der Verhüttung von Metallen eingeatmete, vanadiumhaltige Stäube führen bei den betroffenen Arbeitern manchmal zum Vanadismus, einer anerkannten Berufskrankheit. Diese äußert sich meist in Reizung der Schleimhäute, einer grünschwarzen Verfärbung der Zunge sowie auch chronischen Lungen- und Darmerkrankungen (Hartwig 2000).

## 5.2  Niob

| Symbol: | Nb | |
|---|---|---|
| Ordnungszahl: | 41 | |
| CAS-Nr.: | 7440-03-1 | |
| Aussehen: | Grau, metallisch glänzend | Niob, Pulver (Sicius 2015) |

| Entdecker, Jahr | Hatchett (Vereinigte Staaten von Amerika), 1801 Rose (Preußen), 1844 Blomstrand (Schweden), 1864 | |
|---|---|---|
| Wichtige Isotope [natürliches Vorkommen (%)] | Halbwertszeit (a) | Zerfallsart, -produkt |
| $^{93}_{41}$Nb (100) | Stabil | — |
| Massenanteil in der Erdhülle (ppm): | 18 | |
| Atommasse (u): | 92,906 | |
| Elektronegativität (Pauling ♦ Allred&Rochow ♦ Mulliken) | 1,6 ♦ K. A. ♦ K. A. | |
| Normalpotential: $Nb^{2+} + 2\,e^- > Nb$ (V) | −1,1 | |
| Atomradius (berechnet) (pm): | 145 (164) | |
| Van der Waals-Radius (pm): | Keine Angabe | |
| Kovalenter Radius (pm): | 137 | |
| Ionenradius ($Nb^{5+}$, pm) | 67 | |
| Elektronenkonfiguration: | [Kr] $4d^3\ 5\ s^2$ | |
| Ionisierungsenergie (kJ/mol), erste ♦ zweite ♦ dritte ♦ vierte ♦ fünfte: | 652 ♦ 1380 ♦ 2416 ♦ 3700 ♦ 4877 | |
| Magnetische Volumensuszeptibilität: | $2,3 * 10^{-4}$ | |
| Magnetismus: | Paramagnetisch | |
| Kristallsystem: | Kubisch-raumzentriert | |
| Elektrische Leitfähigkeit([A/(V * m)], bei 300 K): | $6,58 * 10^6$ | |
| Elastizitäts- ♦ Kompressions- ♦ Schermodul (GPa): | 105 ♦ 170 ♦ 38 | |
| Vickers-Härte ♦ Brinell-Härte (MPa): | 870-1320 ♦ 735-2450 | |
| Mohs-Härte | 6 | |
| Schallgeschwindigkeit (longitudinal, m/s, bei 293,15 K): | 3480 | |
| Dichte (g/cm³, bei 273,15 K) | 8,57 | |
| Molares Volumen (m³/mol, im festen Zustand): | $10,83 \cdot 10^{-6}$ | |
| Wärmeleitfähigkeit [W/(m * K)]: | 54 | |
| Spezifische Wärme [J/(mol * K)]: | 24,60 | |
| Schmelzpunkt (°C ♦ K): | 2477 ♦ 2750 | |
| Schmelzwärme (kJ/mol) | 26,8 | |
| Siedepunkt (°C ♦ K): | 4744 ♦ 5017 | |
| Verdampfungswärme (kJ/mol): | 694 | |

*Vorkommen* Niob ist mit einem Anteil an der Erdkruste von 18 ppm relativ selten und kommt nie gediegen, also elementar, sondern immer nur in chemisch gebundener Form vor. Da wegen der Lanthanoidenkontraktion die Ionenradien von Niob und Tantal sehr ähnlich sind, treten sie immer vergesellschaftet auf, wie zum Beispiel im Columbit (bzw. Niobit bzw. Tantalit, je nach mengenmäßig vorherrschendem

Element) [(Fe, Mn)(Nb, Ta)$_2$O$_6$] oder auch im Pyrochlor (NaCaNb$_2$O$_6$F). Manche der Nioberze sind strategisch wichtig und gelten gegenüber der US-amerikanischen Börsenaufsicht als berichtspflichtig, da ihr Verkauf möglicherweise bewaffnete Konflikte finanziert (Fieldsend 2012).

Euxenit [(Y, Ca, Ce, U, Th)(Nb, Ta, Ti)$_2$O$_6$], Olmsteadit (KFe$_2$(Nb,Ta)[O|PO$_4$]$_2$ * H$_2$O) und Samarskit ((Y,Er)$_4$[(Nb,Ta)$_2$O$_7$]$_3$) sind weitere nennenswerte, wenn auch seltene Minerale des Niobs. Wirtschaftlich wichtig sind die Vorkommen in Karbonat-Silikatgesteinen, in denen Pyrochlor angereichert ist. Die Jahresproduktion liegt aktuell bei seit Jahren unveränderten 60.000 t bei gleichzeitig 4,3 Mio. t an geschätzten Reserven (Papp 2015). Über 90 % der Produktionsmenge stammen aus Brasilien, weitere 9 % aus Kanada; somit sind diese beiden die einzigen relevanten Förderländer. In den USA und anderen Ländern kommt zwar auch verhältnismäßig viel an Niob vor, aber nur in Form von Mineralen, die untergeordnete Konzentrationen des Elements aufweisen, die eine Förderung unwirtschaftlich machen. Größere Erzlager identifizierte man in jüngerer Zeit in Afrika (Kongo, Nigeria) und in Russland.

*Gewinnung* Da Niob und Tantal fast ausschließlich miteinander vergesellschaftet auftreten, schließt man die Erze zunächst in einer Mischung von konzentrierter Schwefel- und Flusssäure bei Temperaturen zwischen 50 und 80 °C auf. Bei dieser Prozedur bilden sich die leicht wasserlöslichen Komplexanionen [NbF$_7$]$^{2-}$ und [TaF$_7$]$^{2-}$.

In einem zweiten Schritt führt man die Trennung des Niobs vom Tantal bzw. umgekehrt durch. Dies kann durch Anwendung fraktionierter Kristallisation oder Extraktion mittels organischer Lösungsmittel geschehen, wobei man bei letztgenanntem Verfahren unterschiedliche Löslichkeiten der Organoniob- bzw. Organotantalverbindungen in diesen ausnutzt.

Fügt man daher zur wässrigen Lösung der oben genannten Fluorokomplexe Kaliumfluorid hinzu, so werden die Dikalium-Salze dieser Fluoride gebildet. Dabei ist nur das K$_2$TaF$_7$ schwer löslich in Wasser und fällt als Niederschlag aus, wogegen das Kaliumheptafluoroniobat-V in Lösung bleibt und abgetrennt werden kann. Man setzt jenes dann mit Sauerstoff im alkalischen Milieu zu Niob-V-oxid und jenes dann mit Kohle weiter zum Niobcarbid um. Dieses Niobcarbid lässt man mit weiterem Niob-V-oxid bei sehr hoher Temperatur im Vakuum zum Metall reagieren, oder man setzt Niob-V-oxid direkt mit Aluminium zu Niob um. Auf letztgenannte Art stellt man den größten Teil des Niobs für die Stahlindustrie her; Zusätze von Eisenoxid ermöglichen die Produktion von Ferroniob (Gehalt an Niob: 60 %).

Anstelle des Zusatzes von Kaliumfluorid bevorzugt man heute extraktive Verfahren unter Verwendung von Methylisobutylketon. Ein drittes Verfahren der Trennung besteht in der fraktionierten Destillation der Chloride NbCl$_5$ und TaCl$_5$. Diese kann man direkt aus dem jeweiligen Niob- oder Tantalerz, Kohle und Chlor erzeugen (Eckert 2000).

*Eigenschaften* Niob ist ein grausilbrig glänzendes, duktiles Schwermetall, das in allen Oxidationsstufen von −3 bis +5 auftreten kann. Wie bei allen Elementen dieser Nebengruppe ist auch bei Niob die Stufe +5 am stabilsten. In chemischer Hinsicht ist Niob seinem schwereren Homologen Tantal außerordentlich ähnlich. Der Zusatz seiner Nachbarelemente der sechsten Nebengruppe, Wolfram oder Molybdän, verleiht Niob eine noch höhere Beständigkeit gegenüber hohen Temperaturen, und erstaunlicherweise wirken sich Zusätze von Aluminium in einer erhöhten Festigkeit aus. Unterhalb einer Temperatur von −263,9 °C wird Niob supraleitend, und es besitzt ein sehr großes Vermögen zum Aufnehmen von Gasen.

Beim Stehen an der Luft bildet sich auf Niob eine dünne, aber sehr wirksam gegen Oxidation schützende Passivschicht. Daher ist Niob bei Raumtemperatur an der Luft beständig. Beim Erhitzen auf Temperaturen von >200 °C oxidiert es aber deutlich, weswegen auch das Schweißen von Niob unter Schutzgasatmosphäre erfolgen muss. Auch gegenüber den meisten Säuren ist es bei Raumtemperatur stabil, jedoch wird es durch Flusssäure sowie heiße, konzentrierte Salpeter- und Schwefelsäure angegriffen, wie übrigens auch durch heiße Alkalilaugen.

## Verbindungen

*Verbindungen mit Halogenen* Niob-V-fluorid (NbF₅) ist ein farbloser, sehr hygroskopischer, an der Luft zerfließlicher Feststoff der Dichte 3,3 g/cm³, der bei einer Temperatur von 79 °C schmilzt; die Flüssigkeit siedet bei 233 °C. Die Verbindung löst sich in Wasser und Ethanol unter Solvolyse; durch Alkalilaugen wird sie augenblicklich zu basischem Niob-V-oxid und Fluorwasserstoff zersetzt (Brauer 1975, S. 261; Agulyansky 2004). Niob-V-fluorid kristallisiert monoklin (Blachnik et al. 1998) und liegt als tetrameres Molekül im Feststoff vor. Man gewinnt es durch Reaktion von *Niob-V-chlorid (NbCl₅)* mit Fluorwasserstoff:

$$2\,\text{NbCl}_5 + 5\,\text{H}_2\text{F}_2 \rightarrow 2\,\text{NbF}_5 + 10\,\text{HCl}$$

oder alternativ – in heftiger Reaktion – aus den Elementen Niob und Fluor.

*Niob-V-chlorid (NbCl₅)* ist ein hellgelber, äußerst hygroskopischer und hydrolyseempfindlicher Feststoff (Foto: (Walkerma 2005) vom Schmelzpunkt 208 °C, der an feuchter Luft infolge Bildung von Chlorwasserstoff stark raucht und mit Wasser sehr heftig reagiert.

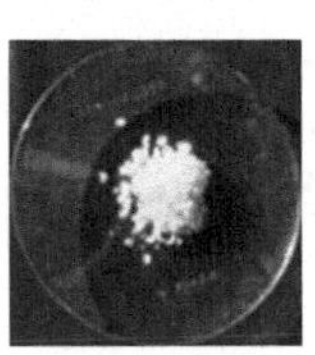

Man gewinnt es durch Reaktion von Niob mit Chlor (I, Brauer 1981, S. 1444) oder, in hoher Reinheit, aus Niob-V-oxid und Thionylchlorid (II) bzw. Kohlenstofftetrachlorid (III):

(I) $2\,Nb + 5\,Cl_2 \rightarrow 2\,NbCl_5$

(II) $Nb_2O_5 + 5\,SOCl_2 \rightarrow 2\,NbCl_5 + 5\,SO_2 \uparrow$

(III) $Nb_2O_5 + 5\,CCl_4 \rightarrow 2\,NbCl_5 + 5\,COCl_2 \uparrow$

Im Feststoff liegt die stark kovalente Substanz in Form von Dimeren vor; jedes Niobatom ist dabei oktaedrisch von sechs Chloratomen umgeben (Hoenle und Schnering 1990; Cotton et al. 1997). Die Verbindung ist eine sehr starke Lewis-Säure und wird in dieser Funktion auch bei einigen organischen Synthesen eingesetzt (Andrade et al. 2004).

*Niob-IV-chlorid (NbCl₄)* ist ein in Form braunschwarzer Nadeln, in monokliner Struktur kristallisierender Feststoff (Alsfasser et al. 2007), der bei einer Temperatur von 275 °C sublimiert und wie Niob-V-chlorid deutlich kovalenten Charakter besitzt. Die Verbindung ist sehr empfindlich schon gegenüber Luftsauerstoff und löst sich in wenig Wasser oder verdünnter Salzsäure mit dunkelblauer Farbe. Die Darstellung erfolgt zweckmäßig aus Niob-V-chlorid und Niob (I) oder auch mittels teilweiser Reduktion von Niob-V-chlorid mit Aluminium (II) (Brauer 1981, S. 1444):

(I) $4\,NbCl_5 + Nb \rightarrow 5\,NbCl_4$

(II) $3\,NbCl_5 + Al \rightarrow 3\,NbCl_4 + AlCl_3$

*Niob-V-bromid (NbBr₅)* ist eine extrem hydrolyseempfindliche, rote, in Ethanol einigermaßen unzersetzt lösliche Substanz, die bei einer Temperatur von 265 °C bzw. 361 °C schmilzt bzw. siedet. Man erzeugt NbBr₅ mittels Reaktion von Niob mit Brom (Brauer 1981, S. 1444):

$$2\,Nb + 5\,Br_2 \rightarrow 2\,NbBr_5$$

*Niob-IV-bromid (NbBr$_4$)* ist ein schwarzer Feststoff mit einem Sublimationspunkt von 300 °C, der durch Reaktion von Niob mit Brom gewonnen werden kann, allerdings verunreinigt mit kleineren Anteilen an NbBr$_5$ (Brauer 1981, S. 1444):

$$Nb + 2\,Br_2 \rightarrow NbBr_4$$

Niob-IV-bromid ist sehr feuchtigkeitsempfindlich und reagiert mit Wasser schnell zu basischem Niob-IV-oxid. In verdünnter Bromwasserstoffsäure ist die Verbindung unter Bildung einer dunkelblauen Lösung unzersetzt löslich.

*Niob-V-iodid (NbI$_5$)* ist ein messingfarbener, ebenfalls äußerst hydrolyseempfindlicher Feststoff, der bei einer Temperatur von 327 °C schmilzt (Siedepunkt der Flüssigkeit: 346 °C). Man gewinnt die Verbindung durch Reaktion der Elemente (Brauer 1981, S. 1450):

$$2\,Nb + 5\,I_2 \rightarrow 2\,NbI_5$$

Die Kristallstruktur von Niob-V-iodid ist monoklin und setzt sich aus Zickzackketten eckenverknüpfter NbI$_6$-Oktaeder zusammen (Littke und Brauer 1963; Krebs und Sinram 1980).

*Verbindungen mit Chalkogenen  Niob-V-oxid (Nb$_2$O$_5$)* ist ein unbrennbares, weißes, geruchloses Pulver vom Schmelzpunkt 1.491 °C und der Dichte 4,55 g/cm$^3$. Es kristallisiert bis hinauf zu einer Temperatur von 750 °C monoklin (Brauer 1981, S. 1465) und ist im Wellenlängenbereich von 350 bis 7.000 nm lichtdurchlässig. Die Verbindung entsteht bei der Oxidation von Niob an Luft; man kann sie in reiner Form durch Hydrolyse von Niob-V-chlorid erhalten:

$$2\,NbCl_5 + 5\,H_2O \rightarrow Nb_2O_5 + 10\,HCl$$

Man setzt Niob-V-oxid zur Erhöhung des Brechungsindexes optischer Gläser ein (Objektive für Fotoapparate und Kopiergeräte sowie Brillengläser). Außerdem findet es zur Produktion des ferroelektrischen *Lithiumniobat (LiNbO$_3$)* verwendet.

Dieses kristallisiert als farbloser Feststoff mit weitem Transparenzbereich von 320–5.600 nm und ist doppelbrechend mit Brechungsindices von $n_o$=2,286 und $n_e$=2,202 bei einer Wellenlänge von 633 nm (Prokhorov und Kuz'minov 1999; Räuber 1978; Weis und Gaylord 1985; Cabrera et al. 2004; Hsu et al. 1997). Die Verbindung ist unterhalb ihrer Curie-Temperatur $T_c$ von 1.213 °C ferroelektrisch (Wong 2002) und deshalb optisch nichtlinear, elektrooptisch, photorefraktiv, elastooptisch, piezoelektrisch und pyroelektrisch. Diese Curie-Temperatur hängt von der Zusammensetzung der Verbindung ab; oberhalb dieser Temperatur verliert das Material seine Ferroelektrizität und wird paraelektrisch (Lehnert et al. 1997). Man setzt Lithiumniobat unter anderem in Interdigitaltransducern, Bandpassfiltern und Lasern ein.

*Niob-IV-oxid (NbO₂)* ist ein schwarzes Pulver vom Schmelzpunkt 1.915 °C und ist praktisch unlöslich in Wasser. Es ist durch Umsetzung von Niob-V-oxid mit Wasserstoff bei Temperaturen zwischen 800 und 1.350 °C herstellbar (I, Gupta et al. 1994). Ein anderes Darstellungsverfahren sieht die Reaktion von Niob-V-oxid mit Niobpulver bei einer Temperatur von 1.100 °C vor (II, Patnaik 2002).

$$(\text{I}) \quad Nb_2O_5 + H_2 \rightarrow 2\,NbO_2 + H_2O$$

$$(\text{II}) \quad 2\,Nb_2O_5 + Nb \rightarrow 5\,NbO_2$$

Das auf diese Weise erhaltene α-Niob-IV-oxid kristallisiert in einer Rutil-ähnlichen Struktur und ist im Wellenlängenbereich von 350–7.000 nm lichtdurchlässig (Brauer 1981, S. 1463).

*Niob-II-oxid (NbO)* ist ein grauer Feststoff vom Schmelzpunkt 1.945 °C und der Dichte 7,3 g/cm³. Im Unterschied zu anderen Oxiden des Niobs leitet die Verbindung den elektrischen Strom (immerhin ca. $10^6$ S/cm (!), Greenwood und Earnshaw 1988) und dient als Anodenmaterial in Niob-Elektrolytkondensatoren, die unter anderem in Notebooks eingebaut werden. Im Vergleich zu den analogen entsprechenden Tantalkondensatoren sind sie billiger (Moore 2001) und auch stabiler gegenüber erhöhten Temperaturen (Motchenbacher et al. 2007), aber nicht dermaßen resistent gegen hohe Spannungen. Außerdem stellt man aus NbO korrosionsbeständige Beschichtungen für Erdungselektroden her.

Man erhält Niob-II-oxid durch Reaktion des jeweilig verwendeten Nioboxids, $NbO_2$ oder $Nb_2O_5$ mit Niobpulver in stöchiometrischer Menge. Die Kristallstruktur der Verbindung ist ein Sonderfall und ist am ehesten beschreibbar als die des Natriumchlorids mit Defektstellen. Von sechs Niobatomen gebildete Oktaeder bilden das Gerüst des Kristallgitters, jedoch fehlen sowohl das zentrale Anion als auch die Niobatome an den Ecken der Elementarzelle. Innerhalb der Metallcluster liegen Niob-Niob-Bindungen vor; die Abstände sind denjenigen im Gitter des metallischen Niobs sehr ähnlich, worauf die elektrische Leitfähigkeit beruht.

*Niob-IV-sulfid (NbS₂)* ist das wichtigste von mehreren Sulfiden des Niobs, von denen die meisten in gewissen Homogenitätsbereichen existieren (Brauer 1978, S. 1470). Man erhält es durch Umsetzung von Niob mit Schwefel bei Temperaturen von 700 bis 1.000 °C:

$$Nb + 2\,S \rightarrow NbS_2$$

Der schwarze Feststoff kristallisiert trigonal (Morosin 1974) und wird supraleitend unterhalb einer Temperatur von $-266{,}85\,°C$ (Lee 2012). Man setzt Niob-IV-sulfid als Schmierstoff und Sputtermaterial ein (Perry 2011, S. 297).

*Niobcarbide und -nitride Niob-IV-carbid (NbC)* ist ein eisen- bis dunkelgrauer Feststoff mit dem sehr hohen Schmelzpunkt von $3.500\,°C$ und der Dichte $7{,}6\ g/cm^3$. Im kompakten oder gesinterten Zustand glänzt es metallisch und zeigt beim Stehenlassen an der Luft auch Anlauffarben. Es liegt im weiten Homogenitätsbereich von $NbC_{0{,}7}$ bis $NbC_{0{,}99}$ vor und kristallisiert im kubischen Natriumchloridtyp. Niob-IV-carbid ist ein äußerst harter Stoff (Mohshärte: $> 9$) und löst sich in einem Gemisch aus Flusssäure und Salpetersäure (Perry 2011, S. 488).

Man stellt es meist im Vakuum oder unter einer Wasserstoff-Schutzgasatmosphäre aus Kohle- und Niobpulver bei sehr hoher Temperatur her. Alternativ ist die Darstellung aus Kohlenstoff und Nioboxiden unter ansonsten ähnlichen Bedingungen möglich. Man setzt es besonderen Stählen zwecks Erhöhung der Verschleißfestigkeit zu (Anwendung in Kolbenringen; Brunhuber und Hasse 2001). Niob-IV-carbid ist zudem als Beschichtungsmaterial von Graphit für Kernreaktoren und als Sputtermaterial zur Produktion von Halbleiterfilmen im Einsatz.

Ein weiteres charakterisiertes Carbid des Niobs ist Niob-II-carbid ($Nb_2C$), das bei einer Temperatur von $3080\,°C$ schmilzt und hexagonal kristallisiert.

*Niob-III-nitrid (NbN)* ist ein schwarzer geruchloser Feststoff vom Schmelzpunkt $2.573\,°C$ und der Dichte $8{,}4\ g/cm^3$, der fast unlöslich in Wasser und selbst konzentrierten Mineralsäuren ist. Bei einer Temperatur von $800\,°C$ beginnt die Verbindung zu oxidieren bzw. zu verbrennen.

Die Verbindung wird unterhalb einer Sprungtemperatur von $-256{,}65\,°C$ supraleitend (Horn und Saur 1968; Banerjee und Tyagi 2000). Niob-III-nitrid kristallisiert, je nach Quelle, hexagonal (Raumgruppe $P6_3/mmc$, Nr. 194) bzw. kubisch (Martienssen und Warlimont 2005).

Man stellt Niob-III-nitrid durch Reaktion von Niob mit extrem gereinigtem Stickstoff oder Ammoniak oder auch einem Gemisch beider Gase her (Brauer 1981, S. 1472). Die Verbindung wird in Infrarotdetektoren, supraleitenden Magneten und in Josephsonkontakten (Kumashiro 2000) verwendet.

Des Weiteren kennt man die niederen Niobnitride $Nb_2N$ und $Nb_4N_3$. Auch diese sind dunkelfarbige, halbmetallische Stoffe.

*Anwendungen* Das wichtigste Einsatzgebiet ist für metallisches Niob das als Legierungszusatz für rostfreie Stähle und Nichteisenlegierungen, da die Werkstücke schon durch geringe Konzentrationen an Niob eine größere mechanische Belastbarkeit erhalten. Ferroniob und Nickelniob sind Bestandteile von Superlegierungen, die in mechanisch und thermisch stark belasteten Teilen in Gasturbinen, Raketen und Öfen verbaut werden. In Münzen findet man es gelegentlich als Legierungsbestandteil.

Zur Entfernung von Kohlenstoff aus zu schweißenden Metallen legiert man Niob als Karbidbildner zu.

Da Niob einen niedrigen Einfangquerschnitt für thermische Neutronen hat, findet es, trotz seines hohen Preises, in der Reaktortechnik Verwendung. Ferner ist Niob Anodenmaterial in Niob-Elektrolytkondensatoren.

Niob-V-oxid dient wegen seiner hohen Spannungsfestigkeit als Dielektrikum in einem aus Niobanode und Niob-V-oxid bestehenden Kondensator.

Metallisches Niob bewirkt, wenn es in sehr dünner Schicht auf die Außenseite von Halogenglühlampen aufgedampft wird, eine Reflexion der von der Wolframglühwendel ausgesandten Wärmestrahlung zurück nach innen. Somit sind bei gleichzeitig geringerem Energieverbrauch eine höhere Betriebstemperatur und daher auch eine größere Lichtausbeute möglich.

Niob ist Katalysator bei einigen chemischen Verfahren, beispielsweise der Produktion von Salzsäure, von Biodiesel (Deshmane et al. 2010) und von Alkoholen aus Butadien.

Lithium- und Kaliumniobat fungieren als Einkristall in Lasern und in nichtlinearen optischen Systemen.

Unterhalb einer Temperatur von $-263{,}65\ °C$ ist reines Niob ein Supraleiter des Typs II, also Supraleitern mit hohen Sprungtemperaturen. Supraleitende, niobhaltige Hohlraumresonatoren setzt man in Teilchenbeschleunigern ein. Niob-Zinn- oder Niob-Titan sind die Hauptbestandteile in – zum Teil mehrere 100 t schweren – supraleitende Magnetspulen, die Magnetfelder bis zu Flussdichten von 20 Tesla erzeugen.

*Physiologie und Toxikologie* Niob ist in kleinen Mengen nicht toxisch, aber pulverförmiges Niob irritiert Augen und Haut. Eine biologische Funktion des Niobs ist nicht bekannt (Haley et al. 1962; Schroeder et al. 1970).

## 5.3 Tantal

| Symbol: | Ta | |
|---|---|---|
| Ordnungszahl: | 73 | |
| CAS-Nr.: | 7440-25-7 | |
| Aussehen: | Grau | Tantal, Pulver (Sicius 2015) |
| Entdecker, Jahr | Ekeberg (Schweden), 1802<br>Von Bolton (Deutschland), 1903 | |

| Wichtige Isotope [natürliches Vorkommen (%)] | Halbwertszeit (a) | Zerfallsart, -produkt |
|---|---|---|
| $^{180m}_{73}$Ta (0,012) | $>2*10^{16}$ | $\varepsilon > {}^{180}_{72}Hf/\beta^- > {}^{180}_{74}W$ |
| $^{181}_{73}$Ta (99,988) | Stabil | — |
| Massenanteil in der Erdhülle (ppm): | 8 | |
| Atommasse (u): | 180,948 | |
| Elektronegativität   (Pauling ◆ Allred&Rochow ◆ Mulliken) | 1,5 ◆ K. A. ◆ K. A. | |
| Normalpotential:   $Ta_2O_5 + 10\ H^+ + 10\ e^- > 2\ Ta + 5\ H_2O$ (V) | −0,81 | |
| Atomradius (berechnet) (pm): | 145 (200) | |
| Van der Waals-Radius (pm): | Keine Angabe | |
| Kovalenter Radius (pm): | 138 | |
| Ionenradius ($Ta^{5+}$, pm) | 67 | |
| Elektronenkonfiguration: | [Xe] $4f^{14}\ 5d^3\ 6\ s^2$ | |
| Ionisierungsenergie (kJ/mol), erste ◆ zweite: | 761 ◆ 1500 | |
| Magnetische Volumensuszeptibilität: | $1,8*10^{-4}$ | |
| Magnetismus: | Paramagnetisch | |
| Kristallsystem: | Kubisch-raumzentriert | |
| Elektrische Leitfähigkeit([A/(V * m)], bei 300 K): | $7,61*10^6$ | |
| Elastizitäts- ◆ Kompressions- ◆ Schermodul (GPa): | 186 ◆ 200 ◆ 69 | |
| Vickers-Härte ◆ Brinell-Härte (MPa): | 870-1200 ◆ 440-3430 | |
| Mohs-Härte | 6,5 | |
| Schallgeschwindigkeit (longitudinal, m/s, bei 298,15 K): | 3400 | |
| Dichte (g/cm$^3$, bei 293,15 K) | 16,65 | |
| Molares Volumen (m$^3$/mol, im festen Zustand): | $10,85 \cdot 10^{-6}$ | |
| Wärmeleitfähigkeit [W/(m * K)]: | 57 | |
| Spezifische Wärme [J/(mol * K)]: | 25,36 | |
| Schmelzpunkt (°C ◆ K): | 3017 ◆ 3290 | |
| Schmelzwärme (kJ/mol) | 36 | |
| Siedepunkt (°C ◆ K): | 5420 ◆ 5693 | |
| Verdampfungswärme (kJ/mol): | 753 | |

## Vorkommen

Tantal zählt mit seinem Gehalt von nur 2 ppm in der kontinentalen Erdkruste bzw. 8 ppm in der Erdhülle zu den seltenen Elementen (Lide 2005). Im Sonnensystem ist Tantal sogar das seltenste stabile Element (Laeter und Bukilic 2005).

In elementarer Form kommt Tantal nicht vor, sondern nur in chemisch gebundener. Da Tantal und Niob einander sehr ähnlich sind, enthalten wichtige Tantalmineralien wie Columbit und Tapiolith [(Mn, Fe$^{2+}$)(Nb,Ta)$_2$O$_6$] stets auch Niob und umgekehrt;

zu nennen sind hier Ferrotapiolith [$(Fe^{2+}, Mn^{2+})(Ta, Nb)_2O_6$] und Manganotantalit [$MnTa_2O_6$] (Ercit et al. 1995). Die Erze bezeichnet man oft auch als Coltan.

Im Jahre 2011 stellten Ruanda und die Demokratische Republik Kongo fast die Hälfte der jährlichen Weltproduktion an Tantal, wogegen vier Jahre zuvor noch Australien und Brasilien (mit zusammen 1.100 t/a) die wichtigsten Förderländer waren. Coltan kommt auch in Kanada und anderen afrikanischen Ländern wie Äthiopien und Mosambique vor, aber strategisch am wichtigsten sind die Vorkommen im Osten der Demokratischen Republik Kongo (Papp 2015; Jungen 2010). Einige Tantalerze wurden von der US-amerikanischen Börsenaufsicht SEC (Securities and Exchange Commission) als Konfliktmineral eingestuft (Fieldsend 2012).

## Gewinnung

Tantal muss zur Reingewinnung aufwendig vom ihm stets begleitenden und äußerst ähnlichen Niob getrennt werden. Erstmals gelang 1866 De Marignac die Trennung (De Marignac 1866), indem er die unterschiedliche Löslichkeit der beiden Elemente in verdünnter Flusssäure ausnutzte. Tantal bildet dabei das wenig lösliche $K_2TaF_7$, Niob das dagegen gut lösliche $K_3NbOF_5 * 2\,H_2O$. Schon von der ersten Hälfte des 19. Jahrhunderts gab es über 100 Jahre hinweg aber bereits reihenweise Forschungsberichte über die Darstellung von Tantal bzw. seinen Verbindungen (Ekeberg 1803; Hatchett 1802; Wollaston 1809; Rose 1844; Berzelius 1825; von Bolton et al. 1905; Moissan 1902).

Heutzutage dehnt man die unterschiedliche Löslichkeit der Fluorokomplexe des Tantal und Niob auf ein Extraktionsverfahren aus. Dazu schließt man das Erzgemisch zuerst in konzentrierter Flusssäure oder in Mischungen aus Fluss- und Schwefelsäure auf, wobei sich die komplexen Fluoride [$NbOF_5$]$^{2-}$ und [$TaF_7$]$^{2-}$ bilden. Nach Abfiltrieren unlöslicher Stoffe gibt man Methylisobutylketon hinzu, worauf die Niob- und Tantalkomplexe in die organische Phase übergehen. Kationen anderer Metalle bleiben in der wässrigen Phase zurück. Gibt man nach Abtrennen der organischen Phase Wasser zu dieser hinzu, so löst sich nur der Niobkomplex im Wasser, während das chemisch gebundene Tantal im Methylisobutylketon verbleibt (Eckert 2000).

Aus dem schwer wasserlöslichen Kaliumheptafluorotantalat $K_2[TaF_7]$ erhält man durch dessen Reduktion mit Natrium metallisches Tantal:

$$K_2TaF_7 + 5\,Na \rightarrow Ta + 5\,NaF + 2\,KF$$

Alternativ kann man auch die beiden Chloride Niob- und Tantal-V-chlorid fraktioniert destillieren. Diese gewinnt man durch Erhitzen einer Mischung des Erzes mit Kohle im Chlorstrom. Man nutzt dabei die unterschiedlichen Siedepunkte der zwei Chloride. Nach erfolgter Trennung reduziert man $TaCl_5$ mit Natrium zu Tantal.

Auch Schlacken aus der Zinnverhüttung sind eine wichtige Quelle für die Gewinnung von Tantal. Zudem spielt die Wiedergewinnung aus Abfällen eine Rolle, die bei der Herstellung von Tantal-Walzerzeugnissen (20 % des Verbrauchs) in Form von Spänen anfallen und meist umgeschmolzen werden. Außerdem sind Legierungszusätze aus Tantalcarbid für die Wiedergewinnung verwendbar.

Sehr aufwendig gestaltet sich die Wiedergewinnung des Tantals aus Tantal-V-oxid, das in Gläsern und auch Lithiumtantalat-Einkristallen vorhanden ist. Diese beinhaltet Rösten, Auflösen in Flusssäure oder Schwefelsäure, Lösemittelextraktion mit Ketonen sowie die Fällung von Tantal-V-oxid oder die Kristallisation von Kaliumfluorotantalat. Diese schmilzt man dann im Elektronenstrahlofen auf.

## Eigenschaften

*Physikalische Eigenschaften*  Tantal ist ein lilagraues, stahlhartes (Andersson et al. 2000) Schwermetall mit einem Schmelzpunkt von etwa 3.000 °C (Malter und Langmuir 1939), womit es den vierthöchsten Schmelzpunkt aller Elemente nach Wolfram, Kohlenstoff und Rhenium aufweist. Geringe im Metall eingelagerte Mengen an Kohlenstoff oder Wasserstoff steigern den Schmelzpunkt noch einmal deutlich, allerdings auch verbunden mit einer Zunahme der Sprödigkeit. Unterhalb einer Temperatur von −268,85 °C wird Tantal supraleitend.

Das Metall kristallisiert kubisch-raumzentriert (α-Tantal), was auch der thermodynamisch stabilsten Modifikation entspricht. Daneben existiert das unter Normalbedingungen metastabile β-Tantal, das in tetragonaler Struktur kristallisiert. Jenes kann man durch Elektrolyse geschmolzenen Tantalfluorids erzeugen (Arakcheeva et al. 2002).

Reines Tantal ist duktil und lässt sich stark dehnen.

*Chemische Eigenschaften*  Tantal ist ein relativ unedles Metall und reagiert bei hohen Temperaturen mit vielen Nichtmetallen. Bei Raumtemperatur ist das Metall jedoch durch eine dünne Schicht aus Tantal-V-oxid, die sich auf der Metalloberfläche beim Stehenlassen an der Luft bildet, geschützt und damit passiviert, so dass es mit Luftsauerstoff erst oberhalb einer Temperatur von etwa 300 °C reagiert. In kompakter Form ist es nicht, in feinverteilter Form dagegen leicht entzündlich. In den meisten Säuren ist Tantal aufgrund der auf seiner Oberfläche gebildeten Passivschicht nicht löslich und ist selbst gegen Königswasser beständig, das sogar Gold und Platin angreift. Tantal erleidet nur in Flusssäure, rauchender Schwefelsäure und bestimmten Salzschmelzen Korrosion.

## Verbindungen

*Verbindungen mit Chalkogenen* Tantal-V-oxid *($Ta_2O_5$)* ist ein weißes Pulver vom Schmelzpunkt 1872 °C und der Dichte 8,2 g/cm³, das bis zu einer Temperatur von 1360 °C mit orthorhombischer Subzelle kristallisiert. Die Verbindung ist nur in Flusssäure löslich (Brauer 1981, S. 1461). Tantal-V-oxid verfügt über einen hohen Brechungsindex (je nach angewandtem Beschichtungsverfahren zwischen 2,1 und 2,2) und ist lichtdurchlässig im Wellenlängenbereich von 350 bis 8000 nm.

Die bei der Trennung von Tantal und Niob anfallende Lösung von Tantalhydrogenfluorid [$H_2(TaF_7)$] wird mit wässriger Ammoniaklösung versetzt, worauf hydratisiertes Tantal-V-oxid aus der wässrigen Phase ausfällt. Dieses entwässert man dann durch Erhitzen:

(I) $\quad 2\,H_2\left[TaF_7\right] + 10\,H_2O + 14\,NH_3 \rightarrow Ta_2O_5\left(H_2O\right)_5 + 14\,NH_4F$

(II) $\quad Ta_2O_5\left(H_2O\right)_5 \rightarrow Ta_2O_5 + 5\,H_2O$

Da Tantal-V-oxid oft in elektronischen Anwendungen eingesetzt wird und dazu noch meist in Form dünner Filme, muss es durch schonende Hydrolyse des Ethoxids (I) bzw, des Chlorids (II) erzeugt werden:

(I) $\quad Ta_2\left(OEt\right)_{10} + 5\,H_2O \rightarrow Ta_2O_5 + 10\,EtOH$

(II) $\quad 2\,TaCl_5 + 5\,H_2O \rightarrow Ta_2O_5 + 10\,HCl$

Man setzt es wegen seiner lichtbrechenden Eigenschaften zum Bau optischer Geräte ein. Bei der Produktion von Halbleitern dient Tantal-V-oxid als High-k-Dielektrikum für On-Chip-Kondensatoren, da seine relative Permittivität mit 24 bis 28 ziemlich hoch liegt (Murarka et al. 2003).

*Tantal-IV-sulfid (TaS₂)* ist ein grauer Feststoff bzw. schwarzes Pulver eines Schmelzpunktes oberhalb von 1.300 °C und einer Dichte von 6,86 g/cm³. Man gewinnt es durch Reaktion von Tantal mit Schwefel bei Temperaturen um 900 °C (Lieth 1977) oder alternativ auch durch Umsetzung von Tantal-V-oxid mit Schwefelwasserstoff oder Kohlenstoffdisulfid. Daneben kennt man noch mindestens vier weitere Tantalsulfide ($Ta_6S$, $Ta_2S$, $Ta_{1+x}S_2$ und $TaS_3$), die jeweils in gewissen Homogenitätsbereichen vorkommen (Brauer 1978, S. 1470).

Die bei Raumtemperatur und bis hinauf zu einer Temperatur von 780 °C stabile Modifikation der Verbindung ist das $2H$-$TaS_2$. Es weist metallische Eigenschaften auf (spezifischer Widerstand $120\,\mu\Omega\cdot$cm; Schlicht 1999, S. 11), eine Schichtstruktur und kristallisiert trigonal sowie isotyp zu Niob-IV-sulfid (Riedel 2003, S. 498). Die oberhalb einer Temperatur von 780 °C existierende, gelbe Modifikation 1 T-TaS$_2$ ist ein Halbleiter, die man Abschrecken des heißen Festkörpers als metastabiler Festkörper bei Raumtemperatur erhält. Man setzt Tantal-IV-sulfid als Schmierstoff ein (Perry 2011, S. 410).

*Verbindungen mit Halogenen Tantal-V-fluorid (TaF$_5$)* liegt in Form von sehr feuchtigkeitsempfindlichen, farblosen, stark lichtbrechenden, an der Luft zerfließenden Prismen der Dichte 4,74 g/cm$^3$ vor, die bei einer Temperatur von 97 °C schmelzen; die Flüssigkeit siedet bei 230 °C. Die Verbindung ist in Wasser unter Zischen und Hydrolyse zu *Tantaloxidfluorid (TaOF$_3$)* löslich. Tantal-V-fluorid ist eine sehr starke Lewis-Säure und in sauren Lösungen etwas stabiler als in Wasser, dementsprechend wird sie durch Alkalilaugen heftig zersetzt. Bei höheren Temperaturen greift Tantal-V-fluorid selbst trockenes Glas an (Brauer 1975, S. 262). Die Kristallstruktur der Verbindung ist monoklin (Blachnik et al. 1998; S. 752), in ihr befinden sich tetramere Einheiten [MF$_4$F$_{2/2}$]$_4$ innerhalb kubisch-dichtest gepackter Fluoratome (Alsfasser et al. 2007, S. 104).

Man stellt Tantal-V-fluorid durch Umsetzung von Tantal-V-chlorid mit Fluorwasserstoff her:

$$2\,TaCl_5 + 5\,H_2F_2 \rightarrow 2\,TaF_5 + 10\,HCl$$

Alternativ geht natürlich auch die Reaktion der Elemente bei Temperaturen um 300 °C miteinander (I) oder die Umsetzung von Tantal mit Zinn-II-fluorid in der Hitze:

(I) $\quad 2\,Ta + 5\,F_2 \rightarrow 2\,TaF_5$

(II) $\quad 2\,Ta + 5\,SnF_2 \rightarrow 2\,TaF_5 + 5\,Sn$

Man setzt die Verbindung zusammen mit Fluorwasserstoff als supersauren Katalysator ein (Olah et al. 2009).

*Tantal-V-chlorid (TaCl$_5$)* ist ein gelblicher, in reinstem Zustand farbloser, monoklin kristallisierender Feststoff (Rabe und Müller 2000), der äußerst hygroskopisch ist und durch Wasser heftig und zügig unter Bildung von Chlorwasserstoff und hydratisiertem Tantal-V-oxid hydrolysiert wird. Die Verbindung schmilzt bzw. siedet bei Temperaturen von 216 °C bzw. 232 °C und hat eine Dichte von 3,68 g/cm$^3$. Am besten erzeugt man sie direkt aus den Elementen (Brauer 1981, S. 1453):

$$2\,Ta + 5\,Cl_2 \rightarrow 2\,TaCl_5.$$

Elegante Verfahren sind die Herstellung aus Tantal-V-oxid und Kohlenstofftetrachlorid (I) bzw. Thionylchlorid (II):

(I) $\quad Ta_2O_5 + 5\,CCl_4 \rightarrow 2\,TaCl_5 + 5\,COCl_2\,(\text{Phosgen!})$

(II) $\quad Ta_2O_5 + 5\,SOCl_2 \rightarrow 2\,TaCl_5 + 5\,SO_2$

Man setzt Tantal(V)-chlorid als Chlorierungsmittel bei organischen Synthesen ein.

*Tantal-IV-chlorid (TaCl₄)* ist ein braunschwarzer, kristalliner, ebenfalls sehr hydrolyseempfindlicher Feststoff der Dichte 4,35 g/cm³, der bei einer Temperatur von 300 °C unter Zersetzung schmilzt. Man gewinnt die monoklin kristallisierende, diamagnetische (I) (Gutmann 1967) Verbindung durch Reduktion von Tantal-V-chlorid mit Tantal oder Aluminium:

$$4\,TaCl_5 + Ta \rightarrow 5\,TaCl_4 \qquad\qquad 3\,TaCl_5 + Al \rightarrow AlCl_3 + 3\,TaCl_4$$

*Tantal-V-bromid (TaBr₅)* ist ein sehr feuchtigkeitsempfindlicher, an der Luft infolge Bildung von Bromwasserstoffnebel rauchender (Blachnik et al. 1998, S. 752), gelber Feststoff einer Dichte von 5 g/cm³. Die Verbindung schmilzt bzw. siedet bei Temperaturen von 265 °C bzw. 349 °C und besitzt einen charakteristischen Geruch. Tantal-V-bromid kristallisiert monoklin; der stark kovalente Charakter der Verbindung äußert sich auch darin, dass im Kristallverband dimere Moleküle vorliegen (Habermehl 2010). Die Darstellung erfolgt zweckmäßig aus Tantal und Brom im Autoklaven bei Temperaturen um 250 °C (I), möglich sind aber auch ungewöhnliche Darstellungsverfahren aus Tantal-V-oxid und Kohlenstofftetrabromid (II) bzw. Aluminiumbromid (III) (Brauer 1981, S. 1455):

(I) $\quad 2\,Ta + 5\,Br_2 \rightarrow 2\,TaBr_5$

(II) $\quad Ta_2O_5 + 5\,CBr_4 \rightarrow 2\,TaBr_5 + CO + 5\,Br_2$

(III) $\quad Ta_2O_5 + 5\,AlBr_3 \rightarrow 2\,TaBr_5 + 5\,AlOBr$

Bei speziellen Synthesen heterocyclischer Moleküle dient Tantal(V)-bromid als Katalysator (Álvarez-Builla et al. 2011).

Das bronzefarbene bis schwarze *Tantal-V-iodid (TaI₅)* besitzt für Tantal-V-halogenide bereits hohe Schmelz- bzw. Siedepunkte (496 °C bzw. 543 °C) und besitzt eine Dichte von 5,8 g/cm³. Auch diese Verbindung ist äußerst empfindlich gegenüber Wasser und kristallisiert in zwei Modifikationen (orthorhombisch bzw. monoklin) mit zwei bzw. vier TaI₅-Einheiten pro Elementarzelle (Habermehl

2010). Oberhalb einer Temperatur von 1.000 °C spaltet Tantal-V-iodid Iod ab (Perry 2011, S. 411). Die Darstellung der Verbindung erfolgt aus den Elementen (I) oder aus Tantal-V-oxid und Aluminiumiodid (II):

(I)  $2\,Ta + 5\,I_2 \rightarrow 2\,TaI_5$

(II)  $Ta_2O_5 + 5\,AlI_3 \rightarrow 2\,TaI_5 + 5\,AlOI$

*Tantalcarbide und -nitrid*  Das graugelbe *Tantal-IV-carbid (TaC)* schmilzt bzw. siedet bei einer Temperatur von 3.983 °C bzw. 5.500 °C, ist damit eines der höchstschmelzenden Materialien überhaupt und wird darin nur noch von Tantalhafniumcarbid übertroffen. Unterstöchiometrische Phasen von Tantal-IV-carbid (um $TaC_{0,9}$) weisen dagegen Schmelzpunkte von mehr als 4.000 °C auf! Tantal-IV-carbid besitzt die hohe Mohshärte von 6,5 bis 7 (Weiß 2014), die Dichte von 13,9 g/cm³ (Remy 1973) und kristallisiert in der kubischen Natriumchloridstruktur mit vier Formeleinheiten pro Elementarzelle (Strunz und Nickel 2001; Rowcliffe und Warren 1970).

Wegen seiner großen Härte dient Tantal-IV-carbid als Beschichtung auf hitzefesten Legierungen in Triebwerken und Schneidwerkzeugen. Die Verbindung ist chemisch weitgehend inert und löst sich nur in Fluss- oder Schwefelsäure. Tantal-IV-carbid wurde bisher erst ein einziges Mal (1962) als natürlich vorkommendes Mineral (im Ural) entdeckt (Hey 1966) und ist als anerkanntes Mineral in den Systematiken nach Strunz (Strunz und Nickel 2001) bzw. Dana aufgeführt.

Tantal-IV-carbid stellt man in größeren Mengen durch Erhitzen von Tantalpulver mit Flammruß her. Eine Reaktion von Tantal-V-oxid mit Kohlenstoff führt zum gleichen Ergebnis, weswegen metallisches Tantal nicht aus diesen Ausgangsstoffen hergestellt werden kann. (Dieses muss vielmehr durch Reduktion mit Wasserstoff, Alkali- oder Erdalkalimetallen erzeugt werden.) Kleinere Mengen an Tantal-IV-carbid erzeugt man bei sehr hoher Temperatur (2.500 °C) durch Überleiten von Kohlenwasserstoffdämpfen (Methan, Ethin, Toluol) über erhitzte Tantaldrähte in einer Wasserstoff-Atmosphäre (Brauer 1981, S. 1475).

Das intermetallische *Tantal-II-carbid (Ta₂C)* besitzt eine Schmelztemperatur von 3.500 °C und eine Dichte von 15 g/cm³ (Brauer 1981, S. 1475).

Es existieren mehrere Tantalnitride ($\alpha$-TaN, $\varepsilon$-TaN, $Ta_2N$, $Ta_3N_5$, $Ta_4N_5$, $Ta_5N_6$), von denen das *Tantal-III-nitrid (TaN)* das häufigste ist. Jenes ist ein keramischer Feststoff der Dichte 13,7 g/cm³, der bei einer Temperatur von 3.090 °C schmilzt. Man verwendet Tantal-III-nitrid bei der Herstellung von Chips als Sperr- und Haftschicht (Low-K-Dielektrika) und auch in Solarzellen als Diffusionsbarriere.

Auch in der medizinischen Labortechnik setzt man es als Beschichtungsmaterial für Schmelztiegel ein, weil es beständig gegenüber geschmolzenen Actinoidmetallen ist.

Aus Tantal-III-nitrid bestehende Schichten erzeugt man entweder durch Sputterdeposition von Tantal bei Anwesenheit ionisierten Stickstoffs oder die Abscheidung der Verbindung durch Abscheidung aus der Gasphase. Erforderlich hierfür sind tantalorganische Reaktionsgase (Precursor) sowie eine Stickstoffquelle, beispielsweise Ammoniak.

*Tantal-V-nitrid (Ta₃N₅)* ist das gewöhnliche, stöchiometrisch zusammengesetzte, „salzartige" Nitrid des Tantals, das man durch Umsetzung von Tantal-V-oxid mit Ammoniak herstellt (Brauer 1981, S. 1472):

$$3\,Ta_2O_5 + 10\,NH_3 \rightarrow 2\,Ta_3N_5 + 15\,H_2O.$$

## Anwendungen

Tantal, das zurzeit in Mengen von rund 1.400 t/a jährlich produziert wird, setzt man überwiegend in sehr kleinen Kondensatoren hoher Kapazität ein. Diese Kondensatoren findet man weit verbreitet in Mobiltelefonen und im Automobilbau. Die selbst in extrem dünnen Schichten noch stabile uns stark isolierend wirkende Schicht aus Tantal-V-oxid auf der Oberfläche der aufgewickelten Tantalfolie ist verantwortlich für die hohe Kapazität der Kondensatoren. Die außerdem eine hohe Kapazität begünstigenden Faktoren sind möglichst dünne Schichten zwischen den Elektroden und die extrem hohe Permittivität des Tantal-V-oxids.

Weil das Metall nicht toxisch ist und auch nicht mit Körperflüssigkeiten reagiert, findet es auch in medizinischen Implantaten Verwendung, wie beispielsweise in Nägeln zur Fixierung von Knochen, in Prothesen, in Klammern und in Kieferschrauben. Tantal-V-oxid setzt man sogar als Röntgenkontrastmittel, wenngleich dies wegen der hohen Kosten selten erfolgt (Kammler und Ulmer 1971).

Tantal dient nicht selten als Innenbekleidung von Reaktionskesseln und wird auch in Wärmeaustauscher und Pumpen eingebaut, meist jedoch in Legierungen eines Wolframgehaltes von 2,5–10 % Wolfram. Diese erwiesen sich als noch stabiler und widerstandsfähiger als reines Tantal, dies bei gleichbleibender Duktilität. In dieser Form ist es auch Bestandteil von Laborgeräten, Spinndüsen sowie Kathoden von Elektronenröhren. Letzteres deshalb, weil erhitztes Tantal ein extrem großes Volumen an Wasserstoff aufnehmen kann, wodurch das gewünschte Hochvakuum in den Röhren aufrecht erhalten werden kann.

Tantal ist mit einem Anteil von bis zu 9 % auch Komponente von im Flugzeugbau verarbeiteten Superlegierungen enthalten.

## 5.4 Dubnium

| | | |
|---|---|---|
| Symbol: | Db | |
| Ordnungszahl: | 105 | |
| CAS-Nr.: | 53850-35-4 | |
| Aussehen: | — | |
| Entdecker, Jahr | Flerow et al. (Sowjetunion), 1967 Ghiorso et al. (USA), 1970 | |
| Wichtige Isotope [natürliches Vorkommen (%)] | Halbwertszeit (h) | Zerfallsart, -produkt |
| $^{267}_{105}$Db (synthetisch) | 1,2 | SF (spontane Kernspaltung) |
| $^{268}_{105}$Db (synthetisch) | 29 | $\varepsilon > {}^{268}_{104}$Rf |
| $^{270}_{105}$Db (synthetisch) | 23,5 | SF (spontane Kernspaltung) |
| Massenanteil in der Erdhülle (ppm): | — | |
| Atommasse (u): | (268) | |
| Elektronegativität (Pauling ◆ Allred&Rochow ◆ Mulliken) | Keine Angabe | |
| Atomradius (pm): | 139 * | |
| Van der Waals-Radius (pm): | Keine Angabe | |
| Kovalenter Radius (pm): | 149 * | |
| Elektronenkonfiguration: | [Rn] $5f^{14}\ 6d^3\ 7\ s^2$ | |
| Ionisierungsenergie (kJ/mol), erste ◆ zweite ◆ dritte: | 665 ◆ 1547 ◆ 2378 * | |
| Magnetismus: | Paramagnetisch | |
| Kristallsystem: | Kubisch-raumzentriert | |
| Elektrische Leitfähigkeit([A/(V * m)], bei 300 K): | Keine Angabe | |
| Dichte (g/cm³, bei 273,15 K) | 29,3 * | |
| Molares Volumen (m³/mol, im festen Zustand): | $9{,}2 \cdot 10^{-6}$ * | |
| Wärmeleitfähigkeit [W/(m * K)]: | 60 * | |
| Spezifische Wärme [J/(mol * K)]: | 27 * | |
| Schmelzpunkt (°C ◆ K): | 3400 ◆ 3670 * | |
| Schmelzwärme (kJ/mol) | 45 * | |
| Siedepunkt (°C ◆ K): | 5800 ◆ 6070 * | |
| Verdampfungswärme (kJ/mol): | 790 * | |

*Geschätzte bzw. berechnete Werte

*Gewinnung* Dubnium ist nach der russischen Stadt Dubna (nördlich von Moskau) benannt, wo 1967 zuerst Kerne des Elements, im Vereinigten Institut für Kernforschung (FLNR), von Flerov et al. erzeugt wurden. Das metallische EIement ist nur durch Kernfusion, entweder kalte oder heiße, zugänglich, und alle seine

Isotope sind radioaktiv. Das noch langlebigste Isotop $^{268}_{105}$Db zerfällt mit einer Halbwertszeit von etwa 28 Stunden.

Die hart umkämpfte Diskussion um die Namensgebung ist in den Veröffentlichungen der IUPAC-Kommission festgehalten (1994, 1997); die Auffindung, Erforschung und Beschreibung der Tranactinoiden in zahlreichen Veröffentlichungen beschrieben (Hoffman et al. 2006; Östlin und Vitos 2011; Fricke 1975; Oganessian et al. 2010; Barber et al. 1993).

Bei der Herstellung von Kernen des Dubniums durch *kalte Fusion* werden Kerne niedriger Anregungsenergie erzeugt (~10–20 MeV), die mit höherer Wahrscheinlichkeit keine spontane Kernspaltung erleiden. Ein zuerst gebildeter Atomkern des Dubniums, zum Beispiel durch Verschmelzung eines Bismutkerns (Ordnungszahl: 83) mit einem des Titans (Ordnungszahl: 22), gibt ein oder zwei Neutronen ab und bildet Kerne eines neutronenärmeren Isotop des Dubniums. Diese kalte Fusion testete man zuerst 1976 in Dubna:

$$^{209}_{83}\text{Bi} + ^{50}_{22}\text{Ti} \rightarrow ^{259}_{105}\text{Db} \rightarrow \left(-2^{1}_{0}\text{n}\right)^{257}_{105}\text{Db}$$

Bei der Deutschen Gesellschaft für Schwerionenforschung (GSI) in Darmstadt gelang 1981 der Nachweis des Isotops $^{258}_{105}$Db (Münzenberg et al. 1981). 1983 begannen die Forscher aus Dubna, mittels $\alpha$-Zerfällen auf die vorherige Existenz von Dubniumisotopen rückzuschließen. Auf Grundlage dieser Versuche wies die GSI 1985 10 Kerne des Isotops $^{257}_{105}$Db nach (Heßberger et al. 1985), und fünfzehn Jahre später konnte man in Darmstadt unter anderem 120 $\alpha$-Zerfälle von $^{257}_{105}$Db und 16 $\alpha$-Zerfälle von $^{256}_{105}$Db nachweisen. Die Menge der bei diesen Experimenten gewonnenen Daten erlaubte spektroskopische Studien am Isotop $^{257}_{105}$Db, weitere Kernisomere dieses Isotops wurden darüber hinaus ebenfalls beobachtet, und selbst das Erstellen eines ersten „Zerfallsbaumes" war möglich (Heßberger et al. 2001). Diese Versuche halfen später bei der Aufklärung bislang ungeklärter Zerfallsmechanismen von Isotopen geringerer Ordnungszahl, wie zum Beispiel die von Mendelevium und Einsteinium (Heßberger et al. 2005).

Folgende Kernfusionsreaktionen wurden unter anderem untersucht:

$$^{209}_{83}\text{Bi} + ^{48}_{22}\text{Ti} \rightarrow ^{256}_{105}\text{Db} + ^{1}_{0}\text{n} \left[\text{Oganessian et al. 1983 in Dubna}\left(\text{Russland}\right), \text{FLNR}\right]$$

$$^{208}_{82}\text{Pb} + ^{51}_{23}\text{V} \rightarrow ^{258}_{105}\text{Db} + ^{1}_{0}\text{n} [\text{Dubna}\left(\text{Rußland}\right), \text{FLNR}, 1976 / \text{Berkeley}\left(\text{USA}\right),$$
$$\text{LBNL}\left(\text{Lawrence Berkeley National Laboratory}\right]$$

$$^{205}_{81}\text{Tl} + ^{54}_{24}\text{Cr} \rightarrow ^{258}_{105}\text{Db} + ^{1}_{0}\text{n} \left[\text{Oganessian et al. 1976 in Dubna}\left(\text{Russland}\right), \text{FLNR}\right]$$

Bei der *heißen Fusion* werden Kerne hoher Anregungsenergie (~40–50 MeV) gebildet, die ein erhöhtes Risiko eines Spontanzerfalles haben. Auch hier versuchte man mehrere Wege:

$$^{238}_{92}U + ^{27}_{13}Al \rightarrow ^{260}_{105}Db + 5\,^{1}_{0}n\left[\text{Gregorich et al. 2006 in Berkeley}\left(\text{USA}\right), \text{LBNL}\right]$$

$$^{236}_{92}U + ^{27}_{13}Al \rightarrow ^{258}_{105}Db + 5\,^{1}_{0}n[\text{Andre'ev et al. 1992 in Dubna}\left(\text{Russland}\right),$$
FLNL](Andre'ev et al 1992)

$$^{243}_{95}Am + ^{22}_{10}Ne \rightarrow ^{260}_{105}Db + 5\,^{1}_{0}n:$$

Diese letzte Gleichung beschreibt die erstmalige Synthese von Dubniumisotopen, die 1967 in Dubna durchgeführt wurde. Man wollte damals Dubnium als flüchtiges Chorid nachweisen, auf das tatsächlich Hinweise erhalten wurden. Jenes besaß ein ähnliches Adsorptionsverhalten wie $NbCl_5$. Analoge und zuverlässigere Indikationen erhielt dasselbe Forscherteam 1976, als man bromierte Verbindungen des Dubniums herstellen wollte. Das in Form weniger Moleküle erzeugte *Dubnium-V-bromid (DbBr$_5$)* konnte man damals ebenfalls nachweisen.

$$^{241}_{95}Am + ^{22}_{10}Ne \rightarrow ^{259}_{105}Db + 4\,^{1}_{0}n \text{ [Gan et al. 2001 in Lanzhou (China), IMP]}$$
(Gan et al. 1992)

$$^{248}_{96}Cm + ^{19}_{9}F \rightarrow ^{263}_{105}Db + 4\,^{1}_{0}n\,[\text{Dressler et al. 1999 in Villigen}\left(\text{Schweiz}\right),$$
PSI (Paul Scherrer − Institut](Dressler et al. 1999)

Das japanische JAERI (Japanese Atomic Energy Research Institute) beschrieb 2002 Versuche, die wässrige Chemie des Dubniums zu erforschen (Nagame 2002).

$$^{249}_{97}Bk + ^{18}_{8}O \rightarrow ^{262}_{105}Db + 5\,^{1}_{0}n \text{ [Ghiorso et al. 1970 in Berkeley(USA), LBNL]}$$
(Ghiorso et al. 1971)

1990 bestimmte ein Forscherteam um Kratz desselben Instituts (LBNL) das neue Isotop $^{263}_{105}Db$, das im Zuge der oben beschriebenen Kernfusionsreaktion durch Abgabe von nur vier Elektronen aus dem intermediär entstehenden $^{267}_{105}Db$ gebildet wird (Kratz et al. 1992). Die gleiche Arbeitsgruppe wies auch die Elektroneneinfangreaktion des Isotops $^{263}_{105}Db$ nach, die zu relativ langlebigem $^{263104}Rf$ führt.

Im LBNL erforschte man des Weiteren die hierzu ähnlichen Fusionsreaktionen:

$$^{249}_{97}\text{Bk} + ^{16}_{8}\text{O} \rightarrow ^{261}_{105}\text{Db} + 4\,^{1}_{0}\text{n} \quad \text{und} \quad ^{250}_{98}\text{Cf} + ^{15}_{7}\text{N} \rightarrow ^{261}_{105}\text{Db} + 4\,^{1}_{0}\text{n}$$

Letztgenannte Reaktion wurde am LBNL schon seit 1970 untersucht. Man wandte dabei die damals neue Methode der Elternkern-Tochterkern-Korrelation an und wies die Existenz eines Isotops $^{260}_{105}$Db anhand der von dessen $\alpha$-Zerfallsprodukt $^{256}_{103}$Lr emittierten Röntgenstrahlung nach (Ghiorso et al. 1970). Diese Ergebnisse wurden durch Arbeiten am Institut in Oak Ridge bestätigt (Hensley 1977).

Die Wahl von Targets immer höheren Atomgewichtes gipfelte 1988 in der Wahl des Einsteinium-Isotops $^{254}_{99}$Es durch das Team des Lawrence Livermore National Laboratory (LLNL). Der Beschuss wurde mit $^{13}_{6}$C-Kernen durchgeführt. Wegen der winzigen Targetprobe war die Empfindlichkeit des Nachweises aber bereits stark beeinträchtigt, so dass Einsteinium sicher das Target mit der höchstmöglichen Atommasse für diese Art von Kernfusionen ist.

*Chemische Eigenschaften*  Man erwartet, dass auch bei Dubnium +5 die stabilste Oxidationsstufe ist, und dass daneben auch +4 und +3 existieren. In Analogie zu Niob und Tantal sollte das Verbrennen des Metalls im Sauerstoffstrom das *Dubnium-V-oxid (Db$_2$O$_5$)* bilden, und mit Halogenen sollte es zu den Pentahalogeniden (DbX$_5$) reagieren. Das *Dubnium-V-chlorid (DbCl$_5$)* sollte ein flüchtiger Festkörper sein und durch Wasser schnell hydrolytisch zersetzt werden. Auch Fluorokomplexe sollte Dubnium bilden.

Die Gasthermochromatographie.erlaubte den Spurennachweis der Dubnium-V-halogenide und -oxidhalogenide DbCl$_5$, DbBr$_5$, DbOCl$_3$ und DbOBr$_3$. (Früher trug das Element den Namen Hahnium; daher beziehen sich frühe Schriften auf diesen Namen anstelle den des Dubniums.)

# Literaturverzeichnis / Zum Weiterlesen


A. Agulyansky, *Chemistry of Tantalum and Niobium Fluoride Compounds* (Elsevier, Amsterdam, Niederlande, 2004), S. 24, ISBN 008052902-X

R. Alsfasser et al., *Moderne Anorganische Chemie* (De Gruyter, Berlin, Deutschland, 2007), S. 104, ISBN 3-11-019060-5

R. Alsfasser et al., *Moderne Anorganische Chemie* (De Gruyter, Berlin, Deutschland, 2007), S. 349, ISBN 3-11-019060-5

J. Alvarez-Builla et al., *Modern Heterocyclic Chemistry. 4 Volumes* (John Wiley & Sons, New York, NY, USA, 2011), S. 1542, ISBN 978-3-527-33201-4

K. Andersson et al., *Tantalum and Tantalum Compounds*, in: *Ullmann's Encyclopedia of Industrial Chemistry* (Wiley-VCH, Weinheim, Deutschland, 2000)

A. N. Andre'ev et al., Investigation of the fusion reaction $^{27}Al + {}^{236}U \rightarrow {}^{263}105$ at excitation energies of 57 MeV and 65 MeV, Zeitschrift für Physik A, 344(2), 225–226 (1992)

C. K. Z. Andrade et al., J. Braz. Chem. Soc. 15(6), 813–817 (2004)

A. Arakcheeva et al., The self-hosting structure of β-Ta, Acta Crystallographica Section B Structural Science, 58, 1–7 (2002)

S. Banerjee, Dr. A. K. Tyagi, *Frontiers of Thin Film Technology* (Academic Press/Elsevier, Amsterdam, Niederlande, 2000), S. 291, ISBN 0080542948, S. 291

R. C. Barber et al., Discovery of the transfermium elements. Part II: Introduction to discovery profiles. Part III: Discovery profiles of the transfermium elements, Pure and Applied Chemistry, 65(8), 1757 (1993)

G. Bauer et al., *Vanadium and Vanadium Compounds*, in *Ullmann's Encyclopedia of Industrial Chemistry* (Wiley-VCH, Weinheim, Deutschland, 2000)

S. Becker und B. G. Müller, Vanadiumtetrafluorid, Angewandte Chemie, 102, 427–428 (1990)

J. J. Berzelius, Flussspatsäure Tantalsäure und Flusspatsäure Tantalsalze, Tantalum und verschiedene seiner Verbindungen, Annalen der Physik und Chemie, 4, 6–22 (1825)



© Springer Fachmedien Wiesbaden 2016

H. Sicius, *Vanadiumgruppe: Elemente der fünften Nebengruppe,* essentials,
DOI 10.1007/978-3-658-13371-9

R. Blachnik et al., *Taschenbuch für Chemiker und Physiker. Band III: Elemente, anorganische Verbindungen und Materialien, Minerale*, 4., Auflage (Springer Verlag, Berlin, Deutschland, 1998), ISBN 3-540-60035-3

G. Brauer, *Handbuch der Präparativen Anorganischen Chemie*, 3. Auflage, Band I, (Enke Verlag, Stuttgart, Deutschland, 1975), ISBN 3-432-02328-6

G. Brauer, *Handbuch der Präparativen Anorganischen Chemie*, 3. Auflage, Band II (Enke Verlag, Stuttgart, Deutschland, 1978), ISBN 3-432-87813-3

G. Brauer, *Handbuch der präparativen anorganischen Chemie*, 3. Auflage, Band III (Enke Verlag, Stuttgart, Deutschland, 1981), ISBN 3-432-87823-0

G. Brauer, *Handbook of Preparative Inorganic Chemistry*, 2nd Edition, Volume 1 (Academic Press, Waltham, MA, USA, 1963), S. 253–254

E. Brunhuber und S. Hasse, Giesserei-Lexikon (Fachverlag Schiele & Schoen, Berlin, Deutschland, 2001), S. 909, ISBN 3-79490655-1

Ž. Burghard, *Keramik zum Falten, Forschung/Materialwissenschaften* (Max-Planck-Gesellschaft, München, Deutschland, veröffentlicht 14. März 2013), abgerufen am 30. November 2015

J. M. Cabrera et al., Temperature effects in proton exchanged LiNbO3 waveguides, Applied Physics B, 79(7), 845–849 (2004)

L. R. Caswell, Andres del Rio, Alexander von Humboldt, and the Twice-Discovered Element, Bull. Hist. Chem., 28(1), 35–41 (2003)

F. Corigliano et al., Verfahren zur hochergiebigen Gewinnung von Vanadium aus Rückständen der Erdölgewinnung, DE3723780A1, Ente Minerario Siciliano, veröffentlicht 21. Januar 1988

F. A. Cotton et al., Structure of the Second Polymorph of Niobium Pentachloride, Acta Crystallographica C47, 2435–2437 (1997)

P. Daniel et al., Structural and vibrational study of $VF_3$, Materials Research Bulletin, 38, 127–220 (1992)

J. C. G. de Marignac, Recherches sur les combinaisons du niobium, Annales de chimie et de physique, 4, 5–75 (1866)

C. A. Deshmane et al., Synthesis and catalytic properties of mesoporous, bifunctional, gallium-niobium mixed oxides, Chem Commun (Camb), 46(34), 6347–6349 (2010)

R. Dressler et al., Production of $^{262}$Db (Z = 105) in the reaction $^{248}$Cm($^{19}$F, 5n), Physical Review C, 59(6), 3433–3436 (1999)

Dschwen materialscientist, Foto „Vanadium", gemeinfrei, 2006

J. Eckert, *Niobium and Niobium Compounds*, in: *Ullmann's Encyclopedia of Industrial Chemistry* (Wiley-VCH, New York, NY, USA, 2000)

A. G. Ekeberg, Ueber ein neues Metall, Tantalum, welches zugleich mit der Yttererde in einigen schwedischen Fossilien entdeckt worden ist; nebst einigen Anmerkungen über die Eigenschaften der Yttererde, in Vergleichung mit der Beryllerde, Crells Annalen der Chemie, 1, 1–21 (1803)

T. S. Ercit et al., Compositional and structural systematics of the columbite group, American Mineralogist, 80, 613–619 (1995)

J. Fieldsend, *Adopts Rule for Disclosing Use of Conflict Minerals* (Securities and Exchange Commission, Division of Corporation Finance, Washington, D.C., USA, 2012, www.sec. gov/News/PressRelease/.../1365171484002)

G. W. A. Fowles et al., Ether Complexes of Tervalent Titanium and Vanadium, J. Inorg. Nucl. Chem., 29, 2365–2370 (1967)

B. Fricke, Superheavy elements: a prediction of their chemical and physical properties, Recent Impact of Physics on Inorganic Chemistry, 21, 89–144 (1975)

Z. G. Gan et al., A new alpha-particle-emitting isotope $^{259}$Db, European Physical Journal A, 10(1), 21–25 (2001)

A. Ghiorso et al., New Element Hahnium, Atomic Number 105, Phys. Rev. Lett., 24(26), 1498–1503 (1970)

A. Ghiorso et al., Two New Alpha-Particle Emitting Isotopes of Element 105, $^{261}$Ha and $^{262}$Ha, Phys. Rev. C, 4(5), 1850–1855 (1971)

N. N. Greenwood und A. Earnshaw, *Chemie der Elemente*, 1. Auflage (Wiley-VCH, Weinheim, Deutschland, 1988), S. 1265, ISBN 3-527-26169-9

C. K. Gupta et al., *Extractive Metallurgy of Niobium* (CRC Press, Boca Raton, FL, USA, 1994), ISBN 0849360714

V. Gutmann, *Halogen Chemistry* (Elsevier, Amsterdam, Niederlande, 1967), S. 153, ISBN 0-32314847-6

K. Habermehl, *Neue Untersuchungen an Halogeniden des Niobs und Tantals* (Dissertation, Universität Köln, Deutschland, 2010)

T. J. Haley et al., Pharmacology and toxicology of niobium chloride, Toxicology and Applied Pharmacology, 4(3), 385–392 (1962)

A. Hartwig, Vanadium, in *Römpp Online* (Georg Thieme Verlag, Stuttgart, Deutschland, letzte Aktualisierung Februar 2003), abgerufen am 1. Dezember 2015

C. Hatchett, An Analysis of a Mineral Substance from North America, Containing a Metal Hitherto Unknown. In: Philosophical Transactions of the Royal Society of London, 92, 49–66 (1802)

D. C. Hensley, D. C., Production, L x-ray identification, and decay of the nuclide $^{260}$105, Phys. Rev. C, 16(3), 1146–1158 (1977)

F. P. Heßberger et al., The new isotopes $^{258}$105, $^{257}$105, $^{254}$Lr and $^{253}$Lr, Zeitschrift für Physik A, 322(4), 557–566 (1985)

F. P. Heßberger et al., Decay properties of neutron-deficient isotopes $^{256,\,257}$Db, $^{255}$Rf, $^{252,\,253}$Lr, European Physical Journal A, 12(1), 57–67 (2001)

F. P. Heßberger et al., Energy systematics of low-lying Nilsson levels in odd-mass einsteinium isotopes, European Physical Journal A, 26(2), 233–239 (2005)

M. H. Hey, Twenty-fourth list of new mineral names, Mineralogical Magazine, 36, 1126–1164 (1966)

B. Heyn, *Anorganische Synthesechemie: Ein integriertes Praktikum* (De Gruyter Verlag, Berlin, Deutschland, 2007), S. 18–20, ISBN 3540529071

W. Hoenle und H. G. v. Schnering, Crystal structure of niobium pentachloride, Zeitschrift für Kristallographie, 191, 139–140 (1990)

D. C. Hoffman et al., *Transactinides and the future elements*, in: J. Fuger, *The Chemistry of the Actinide and Transactinide Elements*, 3. Auflage (Springer Science+Business Media, Dordrecht, Niederlande, 2006), ISBN 1-4020-3555-1

A. F. Holleman, E. Wiberg, N. Wiberg, *Lehrbuch der Anorganischen Chemie*, 102. Auflage (De Gruyter Verlag, Berlin, Deutschland, 2007), ISBN 978-3-11-017770-1

G. Horn und E. Saur, Präparation und Supraleitungseigenschaften von Niobnitrid sowie Niobnitrid mit Titan-, Zirkon- und Tantalzusatz, Zeitschrift für Physik, 210, 70–79 (1968)

C. E. Housecroft und A. G. Sharpe, *Inorganic Chemistry* (Pearson Education, Upper Saddle River, NJ, USA, 2005), S. 605, ISBN 0-13039913-2

R. Hsu et al., Synchrotron X-ray Studies of LiNbO$_3$ and LiTaO$_3$, Acta Crystallographica Section B Structural Science, 53(3), 420–428 (1997)

IUPAC, Names and symbols of transfermium elements (IUPAC Recommendations 1994), Pure and Applied Chemistry, 66(12), 2419 (1994)

IUPAC, Names and symbols of transfermium elements (IUPAC Recommendations 1997), Pure and Applied Chemistry, 69(12), 2471 (1997)

G. Jander, E. Blasius, J. Strähle, *Einführung in das anorganisch-chemische Praktikum*, 14. Auflage (S. Hirzel Verlag, Stuttgart, Deutschland, 1995), S. 218, ISBN 978-3-7776-0672-9

O. Jungen, Krieg in Kongo: Auf der dunklen Seite der digitalen Welt, Frankfurter Allgemeine Zeitung, veröffentlicht 23. August 2010

W. Kaim und B. Schwederski, *Bioanorganische Chemie*, 4. Auflage (Teubner Verlag, Wiesbaden, Deutschland, 2005), S. 241, ISBN 3-519-33505-0

E. Kammler und W. T. Ulmer, Ein neuer Weg in der Bronchographie – Über die Darstellung des Trascheobronchialbaumes beim Tier durch Inhalation von Tantalstaub, Pneumologie, 144(4), 344–351 (1971)

J. V. Kratz et al., New nuclide $^{263}$Ha, Physical Review C, 45(3), 1064–1069 (1992)

B. Krebs und D. Sinram, Darstellung, Struktur und Eigenschaften einer neuen Modifikation von $NbI_5$, Zeitschrift fuer Naturforschung, Teil B. Anorganische Chemie, Organische Chemie, 35, 12–16 (1980)

T. Krome, Metalle auf Abwegen. Über das ungewöhnliche Tieftemperaturverhalten winziger Metallklumpen, Spektrumdirekt.de (Spektrum der Wissenschaft Verlagsgesellschaft mbH, Heidelberg, Deutschland, veröffentlicht 22. Mai 2003)

Y. Kumashiro, *Electric Refractory Materials* (CRC Press, Boca Raton, FL, USA, 2000), S. 303, ISBN 020390818X

J. Laeter und N. Bukilic, Isotope abundance of $^{180}$Ta$^m$ and p-process nucleosynthesis, Physical Review C, 72, 25801 (2005)

P. A. Lee, Optical and Electrical Properties (Springer Science & Business Media, New York City, NY, USA, 2012), S. 115, ISBN 978-94-010-1478-6

H. Lehnert et al., A neutron powder investigation of the high-temperature structure and phase transition in stoichiometric LiNbO3, Zeitschrift für Kristallographie, 212(10), 712–719 (1997)

D. R. Lide, *CRC Handbook of Chemistry and Physics, Section 14, Geophysics, Astronomy, and Acoustics; Abundance of Elements in the Earth's Crust and in the Sea*, 85. Auflage (CRC Press, Boca Raton, FL, USA, 2005)

R.M.A. Lieth, *Preparation and Crystal Growth of Materials with Layered Structures* (Springer Science & Business Media, Heidelberg, Deutschland, 1977), S. 188, ISBN 978-90-277-0638-6

W. Littke und G. Brauer, Darstellung und Kristallstruktur von Niobpentajodid, Zeitschrift für anorganische und allgemeine Chemie, 325, 122–129 (1963)

L. Malter und D. Langmuir, Resistance, Emissivities and Melting Point of Tantalum, Physical Review, 55, 743–747 (1939)

T. D. Manning und I. P. Parkin, Atmospheric pressure chemical vapour deposition of tungsten doped vanadium(IV) oxide from $VOCl_3$, water and $WCl_6$, Journal of Materials Chemistry, 14, 2554–2559 (2004)

W. Martienssen und H. Warlimont, *Springer Handbook of Condensed Matter and Materials Data* (Springer Verlag, Heidelberg, Deutschland, 2005), S. 468, ISBN 354030437-1

G. W. A. Milne, *Gardner's Commercially Important Chemicals: Synonyms, Trade Names, and Properties* (John Wiley & Sons, New York, NY, USA, 2005), S. 663, ISBN 0-47173661-9

H. Moissan, Sur la préparation du tantale au four electrique et sur ses propriétés, Comptes Rendus, 134, 211–215 (1902)

J. Moore, *Nb capacitors compared to Ta capacitors a less costly alternative*, Band 11(1) (Kemet Corp, Greenville, SC, USA, 2001)

R. Moro et al., Ferroelectricity in Free Niobium Clusters, Science, 300(5623), 1265–1269 (2003)

B. Morosin, Structure refinement on NbS2, Acta Crystallographica Section B Structural Crystallography and Crystal Chemistry, 30, 551 (1974)

C. A. Motchenbacher, Production of high-purity niobium monoxide and capacitor production therefrom, US7157073, veröffentlicht 2. Januar 2007

G. Münzenberg et al., Identification of element 107 by $\alpha$ correlation chains, Zeitschrift für Physik A, 300(1), 107–108 (1981)

S. P. Murarka et al., *Interlayer dielectrics for semiconductor technologies* (Academic Press/ Elsevier, Amsterdam, Niederlande, 2003), S. 339, ISBN 0-12-511221-1

Y. Nagame, Production Cross Sections of $^{261}$Rf and $^{262}$Db in Bombardments of $^{248}$Cm with $^{18}$O and $^{19}$F Ions, J. Nucl. Radiochem. Sci., 3, 85–88 (2002)

Yu. Ts. Oganessian et al., Synthesis of a New Element with Atomic Number Z=117, Physical Review Letters (American Physical Society), 104, 142502 (2010)

G. A. Olah et al., *Superacid Chemistry* (John Wiley & Sons, New York, NY, USA, 2009), S. 60, ISBN 047042154-1

A. Östlin und L. Vitos, First-principles calculation of the structural stability of 6d transition metals, Physical Review B, 84(11) (2011)

J. F. Papp, Niobium, Commodity Mineral Summaries (United States Geological Service, U. S. Department of the Interior, Washington, D.C., USA, 2015)

J. F. Papp, Tantalum, Commodity Mineral Summaries (United States Geological Service, U. S. Department of the Interior, Washington, D.C., USA, 2015)

J. H. Park et al., Measurement of a solid-state triple point at the metal-insulator transition in VO2, Nature, 500, 431–434 (2013)

P. Patnaik, *Handbook of Inorganic Chemicals* (McGraw-Hill Professional, New York City, NY, USA, 2002), ISBN 0070494398

D. L. Perry, *Handbook of Inorganic Compounds*, 2nd Edition (Taylor & Francis, Abingdon, Vereinigtes Königreich, 2011), ISBN 143981462-7

H. O. Pierson, *Handbook of Chemical Vapor Deposition*, 2nd Edition: Principles, Technology, William Andrew Publishing, Norwich, NY, USA, 1999), S. 241, ISBN 0-08094668-2

D. E. Polyak, Vanadium, Mineral Commodity Summaries, United States Geological Survey (U. S. Department of the Interior, Washington D. C., USA, 2015)

A. M. Prokhorov, Yu S. Kuz'minov, *Physics and Chemistry of Crystalline Lithium Niobate* (Institute of Physics Publishing, London, Vereinigtes Königreich, 1999), ISBN 0-85274-002-6

S. Rabe und U. Müller, Crystal structure of tantalum pentachloride, $(TaCl_5)_2$, Z. Kristallogr. – New Cryst. Struct., 1–2, 215 (2000)

G. Raj, *Advanced Inorganic Chemistry*, Volume 1, 31. Auflage (Krishna Prakashan Media, Meerut, Indien, 2008), S. 1204, ISBN 81-8722403-7

A. Räuber, *Chemistry and physics of lithium niobate*, in: *Current Topics in Materials Science*, Band 1 (Elsevier Science Publishing, Amsterdam, Niederlande, 1978), S. 481–601, ISBN 0-7204-0708-7

D. Rehder, Bioanorganische Chemie des Vanadiums, Angew. Chem., 103, 152–172 (1991)

H. Remy, *Lehrbuch der Anorganischen Chemie,* Band I + II (Geest und Portig Verlag, Leipzig, DDR, 1973)

E. Riedel, Moderne anorganische Chemie (De Gruyter Verlag, Berlin, Deutschland, 2003), S. 498, ISBN 978-3-11-017838-6

J. J. Rodríguez-Mercado et al., DNA damage induction in human cells exposed to vanadium oxides in vitro, Toxicology in Vitro, 25(8), 1996–2002 (2001)

H. Rose, Ueber die Zusammensetzung der Tantalite und ein im Tantalite von Baiern enthaltenes neues Metall, Annalen der Physik, 139(10), 317–341 (1844)

D. J. Rowcliffe und W. J. Warren, Structure and properties of tantalum carbide crystals, Journal of Materials Science, 5, 345–350 (1970)

O. Ruff und H. Lickfett, Beitrag zur Kenntnis der Vanadinchloride, Berichte der deutschen chemischen Gesellschaft, 44, 506–521 (1911)

O. Ruff und H. Lickfett, Vanadinfluoride, Berichte der deutschen chemischen Gesellschaft, 44, 2539–2549 (1911)

A. Schlicht, Normalleitende und supraleitende Eigenschaften von Farbstoff-Einlagerungsverbindungen des Wirtsgitters 2H-TaS2 (Herbert Utz Verlag, München, Deutschland,1999), S. 11, ISBN 978-3-89675-473-8

H. A. Schroeder et al., Zirconium, Niobium, Antimony, Vanadium and Lead in Rats: Life term studies, Journal of Nutrition, 100(1), 59–68 (1970)

K. Schubert, Ein Modell für die Kristallstrukturen der chemischen Elemente, Acta Crystallographica, 30, 193–204 (1974)

N. G. Sefstöm, Über das Vanadin, ein neues Metall, gefunden im Stangeneisen von Eckersholm, einer Eisenhütte, die ihr Erz von Taberg in Småland bezieht, Annal. d. Physik, 97(1), 1–4 (1831)

H. Sicius, Foto „Vanadium", gemeinfrei, 2015

H. Sicius, Foto „Niob", gemeinfrei, 2015

H. Sicius, Foto „Tantal", gemeinfrei, 2015

D.M. Smith et al., A systematic review of vanadium oral supplements for glycaemic control in type 2 diabetes mellitus, QJM: An International Journal of Medicine, 101(5), 351–358 (2008)

H. Strunz und E. H. Nickel, *Strunz Mineralogical Tables. Chemical-structural Mineral Classification System*, 9. Auflage (E. Schweizerbart'sche Verlagsbuchhandlung (Nägele u. Obermiller), Stuttgart, Deutschland, 2001), S. 47, ISBN 3-510-65188-X

B. J. Sturm und C. W. Sheridan, Vanadium(III) Fluoride, Inorganic Syntheses, 7, 52–54 (1963)

B. Vanasse und M. K. O'Brien, Vanadyl Trifluoride, E-EROS-Encyclopedia of Reagents for Organic Synthesis (Wiley & Sons, New York, NY, USA, 2009)

J. B. van Doren, Gmelins Handbuch der anorganischen Chemie, System-Nr. 48, Vanadium, Teil B, 1 (Verlag Chemie, Weinheim, Deutschland, 1967), S. 267 ff.

W. von Bolton, Das Tantal, seine Darstellung und seine Eigenschaften, Z. f. Elektrochem., 11, S. 45–52 (1905), in: Angew. Chem., 18, 1451–1466 (1905)

Walkerma, Foto „Niob-V-chlorid", gemeinfrei, 2005

A. Waxler und W. S. Corack, Superconductivity of Vanadium, Physical Review, 85(1), 85–90 (1952)

R. S. Weis und T. K. Gaylord, Lithium niobate: Summary of physical properties and crystal structure, Applied Physics A: Materials Science & Processing, 37(4), 191–203 (1985)

S. Weiß, *Das große Lapis Mineralienverzeichnis. Alle Mineralien von A – Z und ihre Eigenschaften*, 6. Auflage (Weise Verlag, München, Deutschland, 2014), ISBN 978-3-921656-80-8

W. H. Wollaston, On the Identity of Columbium and Tantalum, Philosophical Transactions of the Royal Society of London, 99, 246–252 (1809)

K. K. Wong, Properties of Lithium Niobate (Emis. Datareviews Series, No. 28, London, Vereinigtes Königreich, 2002), ISBN 0-85296-799-3

J. J. Zuckerman, *Inorganic Reactions and Methods, The Formation of Bonds to Halogens* (John Wiley & Sons, New York, NY, USA, 2009), S. 288, ISBN 047014539-0